核电厂系统化培训方法操作指南

主　编　邹正宇

副主编　莫银良　周发如

原子能出版社

图书在版编目(CIP)数据

核电厂系统化培训方法操作指南/邹正宇主编. —北京:原子能出版社,2010.8

ISBN 978-7-5022-5032-4

Ⅰ.①核… Ⅱ.①邹… Ⅲ.①核电厂—技术培训—教材 Ⅳ.①TM623

中国版本图书馆 CIP 数据核字(2010)第 176345 号

内容简介

系统化培训方法(SAT)是以岗位工作任务为基础并与岗位全面工作能力所要求的知识和技能相关的一种培训方法,分为分析、设计、开发、实施和评价五个阶段。SAT 源于美国,IAEA 对其进行了研究,在 1987 年以技术报告《核电厂人员培训及评价》(IAEA-TECDEC-380)的形式颁布。本教材是以此技术报告为基础,同时学习国外核电企业先进的经验,并结合国内电厂实际情况进行编写的,是国际先进的培训理论在国内核电厂应用的总结。

本教材可作为核电厂培训管理人员培训和自学的材料,对核电厂培训管理工作具有一定的指导作用。

核电厂系统化培训方法操作指南

出版发行 原子能出版社(北京市海淀区阜成路 43 号 100048)
责任编辑 侯茸方
技术编辑 丁怀兰 王亚翠
责任印制 潘玉玲
印　　刷 保定市中画美凯印刷有限公司
经　　销 全国新华书店
开　　本 787mm×1092mm 1/16
印　　张 9.125 **字　数** 229 千字
版　　次 2011 年 1 月第 1 版 2011 年 1 月第 1 次印刷
书　　号 ISBN 978-7-5022-5032-4 **定　价** 46.00 元

网址:http://www.aep.com.cn **E-mail:atomep123@126.com**
发行电话:010-68452845

中国核工业集团公司
核电培训教材编审委员会

《核电厂系统化培训方法操作指南》编辑部

主　　编　邹正宇

副 主 编　莫银良　周发如

编　　者　（按姓氏拼音顺序排列）
蔡　洲　刘　琪　刘菁菁　郄秉忠　杨　克

统审专家　（按姓氏拼音顺序排列）
陈　刚　方朝霞

总 序

核工业作为国家高科技战略性产业，是国家安全的重要基石、重要的清洁能源供应，以及综合国力和大国地位的重要标志。

1978年以来，我国核工业第二次创业。中国核工业集团公司走出了一条以我为主发展民族核电的成功道路。在长期的核电设计、建造、运行和管理过程中，积累了丰富的实践和理论经验，在与国际同行合作过程中，实现了技术和管理与国际先进水平相接轨，取得了骄人的业绩。

中国核工业集团公司在三十多年的核电建设中，经历了起步、小批量建设、快速发展三个阶段。我国先后建成了秦山、大亚湾、田湾三大核电基地，实现了我国大陆核电“零”的突破、国产化的重大跨越、核电管理与国际接轨，走出了一条以我为主，发展民族核电的成功之路。在最近几年中，发展尤为迅猛。截至2008年底，核电运行机组11台，装机容量907.82万千瓦，全部稳定运行，态势良好。

进入新世纪，党中央、国务院和中央军委对核工业发展高度重视、极为关怀，对核工业做出了新的战略决策。胡锦涛总书记指出：“无论从促进经济社会发展看，还是从保障国家安全看，我们都必须切实把我国核事业发展好”。发展核电是优化能源结构、保障能源安全、满足经济社会发展需求的重要途径。2007年10月，国务院正式颁布了《核电中长期发展规划(2005—2020年)》。核电进入了快速、规模化、跨越式发展的新阶段。

在中国核电大发展之际，中国核工业集团公司继续以“核安全是核工业的生命线”的核安全文化理念和“透明、坦诚和开放”的企业管理心态，以推动核电又好又快又安全发展为己任，为加速培养核电发展所需的各类人才，组织核电领域专家，全面系统地对核电设计、工程建造、电站调试、生产准备和生产运营等各阶段的知识进行了梳理，构造了有逻辑性、系统性的核电知识体系，形成了覆盖核电各阶段的核电工程培训系列教材。

这套教材作为培养核电人才的重要工具，是国内目前第一套专业化、体系化、公开出版的核电人才培养系列教材，有助于开展培训工作，提高培训质量、节约培训成本，夯实核电发展基础。它集中了全集团的优势，突出高起点、实用性强，是集团化、专业化运作的又一次实践，是中国核工业50余年知识管理的积淀，是中国核工业10万人多年总结和实践经验的结晶。

21世纪是“以人为本”的知识经济时代，拥有足够的优秀人才是企业持续发展的重要基础。中国核工业集团公司愿以这套教材为核电发展开路，为业界理论探讨、实践交流提供参考。

我们要继续以科学发展观为指导，认真贯彻落实党中央、国务院的指示精神，积极推进核电产业发展。特别是要把总结核电建设经验作为一项长期的工作来抓，不断更新和完善人才教育培训体系。

核电培训系列教材可广泛用于核电厂人员培训，也可用于核电管理者的学习工具书，对于有针对性地解决核电厂生产实践和管理问题具有重要的参考价值。

中国核工业集团公司总经理 孙勤

2009年9月9日

前　言

在核电快速发展的今天，安全已不仅仅是电厂运行的前提，更是广大民众所关注的焦点。如何保证电厂安全、经济和可靠地运行，不仅要依靠电厂设备和硬件质量，更重要的是电厂要拥有适应岗位工作需要、正确履行岗位职责、出色完成岗位工作任务的足够数量的人员。除了在招聘过程中选择合适的人员以外，培训是实现这一目标的最佳途径。

对任何工作而言，有效的方法是提升绩效的保证，培训也不例外。选择一种合理有效的培训方法能够持续提升培训有效性，继而提升电厂人员绩效及电厂业绩。目前国际核电培训领域普遍应用的是IAEA推荐的系统化培训方法(Systematic Approach to Training，简称“SAT”)。

SAT是以岗位工作任务为基础并与岗位全面工作能力所要求的知识和技能相关的一种培训方法，它应用于培训活动中的分析、设计、开发、实施和评价五个阶段。SAT源于美国，IAEA对其进行了研究，在1987年以技术报告《核电厂人员培训及评价》(IAEA-TECDEC-380)的形式颁布。

本教材是以此技术报告为基础，学习国外先进的经验，并结合国内电厂实际情况进行编写的，书中的例子既有国外电厂及培训机构的教学实例，也有国内电厂实际推行过程中的实践案例，是国际先进的培训理论在国内核电厂应用的总结。读者既可将本书作为系统化培训方法理论学习的教材，也可以作为实际培训工作的参考。

由于该项工作还处在不断实践和探索的阶段，教材中难免存在不足，敬请读者给予批评指正。

中核集团秦山第三核电有限公司

二〇一〇年五月

目　　录

第一章　系统化培训方法简介

第二章　培训分析

第三章 培训设计

第四章　开发阶段

第五章 实施阶段

第六章 评估阶段

第一章　系统化培训方法简介

国际上普遍认为系统化培训方法(SAT)是获得并保持核电厂人员资格和工作能力,保证人员培训质量的最好的培训方法。SAT 是指以岗位任务为基础并与岗位全面工作能力所要求的知识和技能相关的一种培训方法。它是一个具有严密逻辑性的过程:首先,针对工作岗位,提出全面工作能力要求;然后,根据全面工作能力的要求设计培训目标形成培训大纲,并编制各课程对应的培训材料,选择合适的教员,运用前一阶段编制的培训材料进行培训;最后,对整个培训过程进行评价。经过培训后,学员能达到这些培训目标和全面工作能力的要求。

SAT 之所以被广泛应用于核电培训领域,主要是因为其具有两个特点:第一,它是针对某一岗位进行任务分析,提出该岗位对人员的能力要求,并对整个培训过程进行评价、反馈和持续改进的一个过程。第二,使用 SAT 可以使工作人员知道本岗位的培训要求和绩效标准;同时可以保证新的工作人员通过同样的培训路径达到目标。

系统化培训方法包含五个相关联的阶段:分析阶段、设计阶段、开发阶段、实施阶段和评价阶段。

各个阶段的基本任务为:

(1) 分析阶段:通过需求分析、岗位和任务分析,确定执行任务需要的知识、技能、能力和态度。

(2) 设计阶段:将执行任务所需要的知识、技能、能力和态度转变为培训目标,并以这些培训目标为基础,设计 个完整的培训项目规划。

(3) 开发阶段:根据培训项目规划准备所有的培训资料,以保证培训目标能够有效地完成。

(4) 实施阶段:应用开发的培训材料进行培训。

(5) 评价阶段:根据在每个阶段收集到的数据,对培训项目规划的各个方面进行评价。而后根据评价结论对培训大纲、运行文件和/或设备的变更提出适当的反馈意见。

一般来说,SAT 的五个阶段被当成独立的步骤进行,分析、设计、开发和实施是按照顺序执行的,而评价则在每个步骤的实施过程中或实施完毕后进行。但是在实际应用中,SAT 的五个步骤经常同时进行,在适当的时候甚至可以融合在一起,比如有些分析工作可能发生在设计和开发阶段,有些设计工作可能在分析阶段已经完成。因此,SAT 的理论只是具体培训工作的指导,实际的操作过程需要根据电厂的具体情况进行调整。

SAT 流程图见图 1-1。

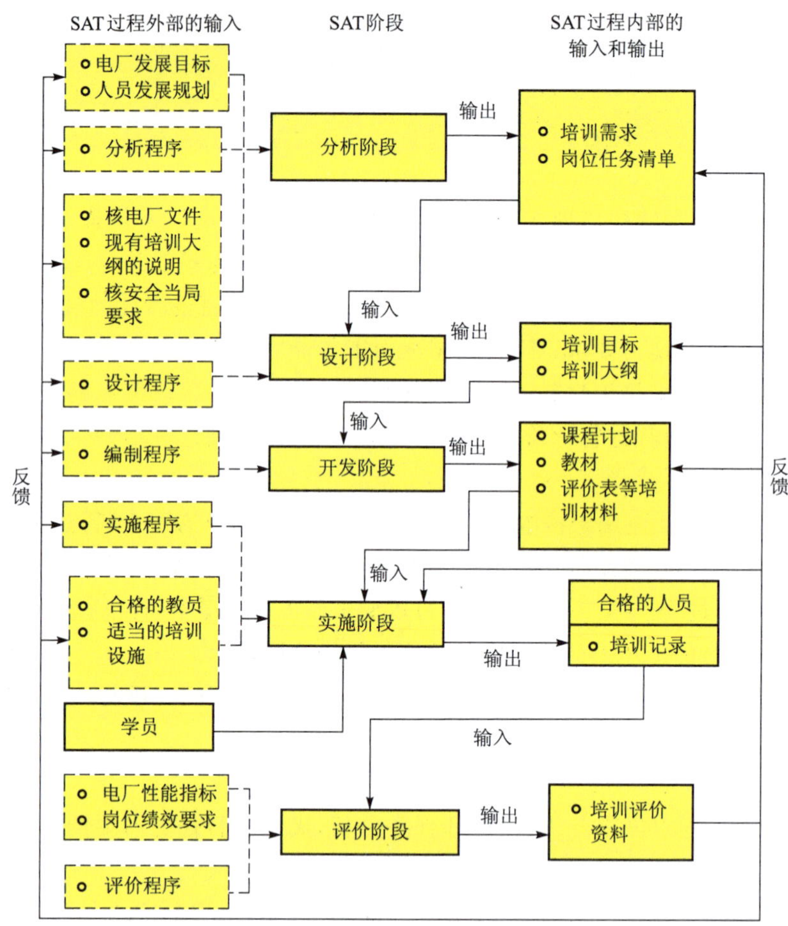

图 1-1　系统化培训方法流程图

第二章　培训分析

2.1　培训分析简介

分析的目的是为培养合格人员确定必要的绩效要求及培训要求。

与很多致力于解决问题的技术方法一样，SAT的工作流程大致为：**首先对现有问题进行仔细分析，确定可能的原因和解决方案，然后选择最能满足组织需求的解决方案。如果该解决方案中包括培训，那么分析阶段得出的数据就将成为开展培训的基础。**通过分析阶段确定的培训项目具有高效性和可审核性的特点。与其他方法相比，依据SAT进行分析可能需要付出更多的精力。但从长远的角度看，采用SAT可以节省时间和成本。

图2-1-1是分析阶段导入/导出信息的流程简图。

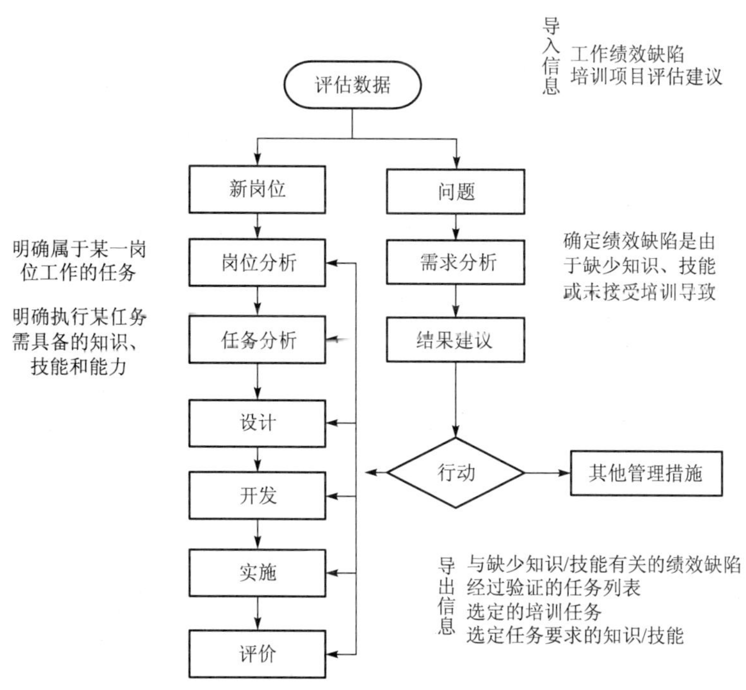

图2-1-1　分析阶段导入/导出信息流程简图

SAT的分析阶段包含三种不同类型的分析：

(1) 需求分析

需求分析就是为了确定工作绩效缺陷是否由于缺少知识、技能和未接受培训而导致。一般情况下，培训需求分析是在培训大纲建立后为改进培训而作的努力。对于初次进行培训分析的岗位，无需进行需求分析过程，而只需进行岗位和任务分析。

(2) 岗位分析

明确某一岗位的任务,即该岗位工作人员需要准确执行的任务。

(3) 任务分析

明确为执行特定任务所必需的知识、技能和态度。

以上所述三种分析方法可视具体情况进行选择。一般来讲,对于新岗位,需要通过岗位分析和任务分析确定完成该岗位工作需要具备的全面工作能力;对于已经具有培训大纲的岗位工作,可以采用需求分析确定已有的培训项目和材料是否合理。无论选择哪种方法及顺序,在分析阶段结束之后,都必须明确以下三个问题:

- 存在何种绩效问题?
- 希望取得何种绩效?
- 培训是否有助于将绩效提高到期望的水平?

明确以上问题是分析阶段关键问题后,我们将对岗位分析、任务分析和需求分析进行详细描述。

2.2 分析阶段的定义

任务领域(Duty Area):组成一个岗位职责的一组任务,该组任务把岗位所要求的知识、技能和态度组合在一起。

任务(Task):是一个有明确开头和结尾标志、定义清晰的工作单元,是一个可以衡量的具体工作职责的元素。

任务单元(Task Element):完成某项任务需要掌握的几个知识点(知识方面),或按照一定顺序组合的工作步骤(技能方面)。

需求分析(Needs Analysis):对实际工作表现和期望的工作表现之间的差异,以及阻碍期望的工作表现实现的缺陷进行的系统分析。

岗位分析(Job Analysis):分析并确定某一岗位需要执行的任务的过程。

任务分析(Task Analysis):对任务进行分析,以确定执行每项任务需要的知识、技能和态度的过程。

初始培训(Initial Training):根据某一特定工作岗位批准的培训要求形成的逻辑性培训活动,它为学员提供上岗工作所必需的全面工作能力。

再培训(Continuing Training):保持或提高特定工作岗位所需知识和技能的培训活动。

即时培训(JIT)(Just-In-Time Training):在实施任务或活动前开展的培训。该类培训一般对中等重要程度且较低实施频率的任务实施。

知识(Knowledge):对事实、原理或概念的理解,也包括应用信息所需的认知过程。

技能(Skill):按规定标准完成某项工作任务的能力。

态度(Attitude):对某一事实或情形的精神立场、感觉或感情,例如:安全意识、保守决策和职业道德。

能力(Ability):在开始执行任务时具备的一般而持久的特点或能力。

技术专家(Subject Matter Expert,SME):从事某项工作或某一方面工作有一定资格和经验的员工。

条件(Initial Conditions):执行任务需要的条件,包括电厂、设备和工器具状态等。

绩效标准(Standard):完成一项任务需要达到的标准,比如程度要求、产品的数量/质量要求、时间限制等。

"任务—培训"矩阵(Task to Training Matrix, TTM):是将岗位工作任务与培训相联系的一个管理工具。根据任务的特点,确定执行某项任务(或任务的组合)所需进行的培训项目或者培训课程,实现从岗位工作任务到所需培训项目或培训课程的对应关系。

2.3 岗位分析

岗位分析就是列出与某一具体岗位相关的所有任务。从培训角度看,岗位分析的基本目的是从上述任务中选择需要培训的任务。

对新的培训项目而言,岗位分析可为明确与工作相关的任务提供必需的信息。这就可以根据实际需要而非主观判断开展培训的设计与开发工作。对现有的培训项目而言,岗位分析能够确保所有对安全和有效操作有着关键意义的任务均能体现在培训项目中。岗位分析还能帮助确定培训项目中不必要的部分,从而保障培训项目的有效性并提高资源利用率。所有岗位分析信息均应在岗位分析报告中形成文件记录,该报告应描述:实施岗位分析的过程和方法、进行岗位分析的人员和职位及最后的分析结果。下面几节为实施岗位分析提供了一般性指导。

实施岗位分析的步骤如下:

- 审核可用的岗位信息
- 选择和培训岗位分析人员
- 制定任务清单
- 验证任务清单
- 选择需要培训的任务
- 批准岗位分析
- 初步填写任务-培训矩阵
- 编写岗位任务问卷

2.3.1 审核可用的岗位信息

岗位分析的第一步是审查可用的岗位信息。该审查为形成任务领域和任务的初始清单提供了信息,也是开展进一步分析的起点。以下是应当审查的文件类型,包括类似岗位(其他核电机构或电厂、核电运行机构、核电管理委员会的类似岗位)的岗位或任务分析数据:

- 标准操作程序
- 安全分析报告
- 现有授权文件
- 岗位调查表/岗位规范
- 公司、各级部门的程序(包括管理程序和生产程序)
- 工作相关的政策、标准和惯例
- 技术安全要求/标准

- 系统设计说明
- 设备/系统操作手册或供应商手册
- 工作授权等

审查中应利用在员工执行其任务时观察到的信息，特别是收集到的绩效极高或极低的相关数据。审查可用的岗位信息的目的是：

- 能够使分析人员更好地理解岗位的性质
- 可确定岗位分析已经完成了多少内容（如有已完成的内容）
- 如某一岗位规范尚未建立，可提供撰写该岗位规范的信息

2.3.2 选择和培训岗位分析人员

选定的岗位分析人员应包括技术专家（SME）和待分析职位/岗位的主管，还应包括决策过程中可能涉及到的部门，例如：运行、维修、技术支持、培训和人力资源等部门，这些部门的分析人员共同合作可以促进各部门之间更好地沟通和相互理解，他们将为岗位分析活动提供支持。

为了更顺利地开展岗位分析，使每位分析人员的思路和方法达到一致性要求，最好能为岗位分析人员实施一次培训。培训的内容主要包括：收集岗位分析数据的目的和意义，以及岗位分析的方法，使分析人员了解更多分析工作的细节及要求，提高分析数据的有效性。

2.3.3 制定任务清单

任务清单的制定过程一般如下：

- 将岗位工作分解为**任务领域**，即工作职责的组成部分
- 制订初步任务清单
- 撰写任务说明，描述各项任务

任务领域是多项任务的组合，是构成岗位工作的主要部分。例如，核电厂操纵员的任务领域可能是“应急堆芯冷却系统”，而维修技工的任务领域可能是“压缩机润滑油系统”。上述任务领域的任务可能分别是：“启动应急堆芯冷却系统”和“切换、检查和清扫润滑油过滤器”。

任务领域是将任务进行分类的一个工具。

任务领域的分类原则依据岗位性质来确定，如：

- 运行人员：主要按照系统进行分类
- 维修人员：主要按照设备类别进行分类
- 辐射防护人员：主要按照程序进行分类
- 其他岗位人员：可以按照电厂的区域（建筑物）进行分类

表 2-3-1 是国外某电厂电气维修岗位的任务领域。

表 2-3-1 电气维修岗位的任务领域

电路布线	电气保护	现场设备
动力设备	蓄电池	电气规范
电力测试设备	继电器	照明
电厂通用设备	电厂特殊设备/系统	行政管理

表 2-3-2 是国内某电厂换料仪控维修岗位的任务领域（附录二给出了某电厂任务领域清单模板）：

表 2-3-2 换料仪控维修岗位的任务领域

维修准备	信号报警单元标定	变送器标定
指示器（表）标定	仪控阀门标定与维修	仪控开关设置与标定
继电器设定与维修	仪控电源检查与设定	隔离转换器标定
轴编码器及板卡检查与设定	电位计检修与设定	装卸料料机位置的标定
控制器设置与检修		

编写任务说明时应做到词句清晰、完整、简洁和一致，能阐明需要执行的实际工作。任务一般采用动宾结构，表 2-3-3 是任务说明的编写指南，它为编写任务说明中的“典范”和“禁忌”提供了实例。

在编写任务说明时可按“附录一：动词列表和定义”提供的信息进行规范性描述。

表 2-3-3 任务说明的编写指南

准则	要　求	示　例
清晰	采用易于理解的文字	“对比书面描述与实际操作”，而非“将实践结果与现场的需求相联系”
	用词精确，使用的词汇对于从事各类工作的人员具有相同含义	最大程度地减少使用含糊不清的词汇，例如“检查、协调和协助”
	为每个任务编写独立、具体的说明	“监控××设备”、“维护××设备”，而非“承担监控和维护××设备的责任”
完整	缩写词只能用在全称之后	在“应急堆芯冷却系统（ECCS）”之后使用“启动 ECCS”
简洁	语句简洁，最好使用简短的表述	“撰写生产和控制报告”，而非“完成与维护生产和控制程序有关的必要报告”
	以动词现在时开始（主语默认为“我”或“你”）	“清洁”或“编写”
	写明动作对象，即“宾语”	“清洁发动机”或“编写报告”
	采用在当前工作中使用的术语	“启动 ECCS”（注：ECCS 是应急堆芯冷却系统的英文缩写）
	避免使用不必要的修饰	“测量××仪表”，而不是“精确测量××仪表”
	避免陈述一个人的资格，例如经验或受教育程度。略去有关接受指导的项目，除非在培训期间执行过实际工作	“安装计算机通用办公软件”，而非“经过半年的计算机培训”
一致	同一描述使用相同的术语	“启动反应堆冷却剂泵”，“保养反应堆冷却剂泵”，而非“保养主泵”

2.3.4 验证任务清单

初步任务清单的验证可采用许多方式，如桌面专家审查方式，即由 3～4 位 SME、获得岗位授权的员工以及主管开展桌面讨论，这种方式可基本保证初步任务清单的准确性。验证过程中确保的重点关注是：

- 任务清单包括所有需执行任务
- 任务说明对任务作了准确描述
- 任务清单中仅列入了与具体工作有关的任务

2.3.5 选择需要培训的任务

由于工作任务的难度、重要性和执行频率不同，所以，对其所需的培训要求也不同。如一些日常频繁执行，难度也不是很高的任务，一般通过**初始培训**的方式就可以满足要求。这种针对不同任务所提出不同的培训要求称为任务的培训种类，见表 2-3-4。

表 2-3-4 任务的培训种类及定义

培训种类	定　　义
无需培训	不需要正式培训；可在工作中学习的任务
初始培训	在授权执行某项任务而无需直接监管之前，需要接受正式的初始培训（如：课堂培训、岗位培训、模拟机培训等）
再培训	需要正式的初始培训和定期的复训
即时培训	仅在执行任务前实施的培训

注：尽管“无需培训”的任务不要求正式培训，但是具备与任务有关的知识和技能仍然是必要的，这类知识和技能通常被列入入职要求，或很容易在岗位工作过程中得到。

任务清单验证之后，必须确定哪些任务需要正式培训而哪些任务不需要。该决定将对培训资源产生重大影响。传统的方法是确定每项任务的难度、重要性和执行频率（DIF 法，见表 2-3-5），并将这些结果套用任务分值判定准则（见表 2-3-6）。最后，明确每项任务的培训建议。附录三是某电厂在进行分析应用的岗位任务分析清单。附录四对任务编码进行相关说明。

表 2-3-5 难度、重要性和执行频率分级定义及培训选定准则

难度（与此岗位执行的其他任务比较）——参见注 1　(D)	
1	任务执行非常容易：要求的脑力活动较低，任务的复杂程度也较低
2	任务执行比较容易：要求的脑力活动较低，任务的复杂程度为中等
3	任务执行较为困难：要求的脑力活动为中等，任务的复杂程度为中等
4	任务执行非常困难：要求的脑力活动为中等到高难度，任务的复杂程度为中等
5	任务执行极其困难：要求的脑力活动程度高，任务的复杂程度非常高
重　要　性　(I)	
1	可忽略：任务执行不当可能造成不便，但不会导致健康危害（放射性、物理或化学接触）或在电厂运行中引发任何差错（设备损坏或生产损失）或任何环保后果
2	不期望发生：任务执行不当可能导致辐射剂量超标或遭受工业健康和安全危害，例如化学物质高于正常水平但仍在电厂程序要求和监管水平内。它还可能导致电厂运行发生不期望其发生的后果，例如无法使用支持或辅助设备，但不会使生产或安全设备出现此类后果

续表

重要性（I）	
3	严重：执行不当可能导致超出电厂或设备的运行极限，从而要求采取纠正措施使电厂或设备回到正常运行状态，或造成现场环保影响
4	非常严重：此任务执行不当可能超出法规限制，导致现场人身伤害或设备损坏，导致电厂自动或手动停堆或需要采取大量纠正行动
5	极其严重：此任务执行不当可能危害公众的健康和安全，造成现场外环保影响，或危及反应堆的安全
执行频率（F）	
1	从未：（仅紧急运行）
2	极少：此任务每年执行 1 或 2 次或更少
3	较少：此任务每年执行 3 或 4 次（每 3～4 个月 1 次）
4	有时：此任务大约 1 个月执行 1 次（每 3～5 周 1 次）
5	经常：此任务大约每周执行 1 次（每 4～10 天 1 次）
6	很频繁：此任务每天执行或更为频繁

注 1：在确定初始和继续培训的需求时，分析人员也可以考虑学习掌握某项任务的难度

表 2-3-6 任务选定准则

任务选定准则			
如果平均难度等级（D）为	且平均重要性等级（I）为	且平均执行频率等级（F）为	则需培训或无需培训的判定结果为
$D \geqslant 3.0$	$I \geqslant 3.0$	$3.0 < F \leqslant 6.0$	初始培训
		$1 < F \leqslant 3.0$	初始培训和再培训
		$F = 1.0$（仅紧急情况）	初始培训和再培训
	$2.0 \leqslant I < 3.0$	$F > 3.0$	初始培训
		$F \leqslant 3.0$	初始培训和即时培训
	$I < 2.0$	$F \geqslant 3.0$	初始培训
		$F < 3.0$	即时培训
$D < 3.0$	$I \geqslant 3.0$	$3.0 < F \leqslant 6.0$	初始培训
		$1 < F \leqslant 3.0$	初始培训和即时培训
		$F = 1$（仅紧急情况）	初始培训和再培训
	$2.0 \leqslant I < 3.0$	$F > 3.0$	初始培训
		$F \leqslant 3.0$	即时培训
	$I < 2.0$	$F \geqslant 3.0$	无需培训
		$F < 3.0$	无需培训

2.3.6 批准岗位分析

初步岗位分析结束后，培训管理人员将对分析结果进行审查并建议部门管理层批准。岗位分析需由相关处室管理层批准，因为其决策将决定可投入后续行动的时间和资源数量。

2.3.7 初步填写任务—培训矩阵

任务—培训矩阵是将岗位所需执行的任务和培训对应起来的一个管理工具。

任务—培训矩阵(TTM)可作为培训实施的指导文件。该矩阵应包含所有已被选定需培训的任务以及与该任务有关的培训材料和参考资料。对于新的培训项目,则应在收集到岗位分析数据之后建立此矩阵。待系统化培训方法的后续几个阶段结束后,应确定需要补充的信息并将其纳入该矩阵中。对于现有的培训项目,应在矩阵内填写所有适用的培训资料(初始培训、再培训和即时培训)和相关的参考资料。该信息为分析现有培训资料提供了基础。附录五提供了某电厂应用的 TTM 模板。

2.3.8 编写岗位任务问卷

岗位分析的结果应准确地反映出岗位要求,并得到任职者和管理层的认可。要达到这一要求有很多种方式,所选用的具体方法应视目前工作的实际需要而定。一般的规则是:某个岗位的不正当操作对环境、安全和经济因素的影响越低,需要的分析技术就越简单。岗位任务问卷的调查对象是岗位任职者,其目的是验证初步任务清单的准确性和有效性,并确认需要培训的任务。每份问卷包括正确的填表说明、人员统计信息(个人数据)、按照职能责任领域分类的任务清单、用于收集每项任务信息的分级表以及执行任务所需的工具、设备及参考资料清单。

2.3.8.1 帮助任职者对任务分级

获取对任务的反馈信息最有效的方式是:将问卷提供给任职者及其主管以供他们审查和补充。问卷分发几天后,再安排其中的5～7人与1位调查人员/培训人员开会,在会上共同审查每项任务并就每项任务的难度、重要性和执行频率(表2-3-5中的DIF因素)达成一致意见。另外也可以将问卷发放给整个团队、部门中有代表性的人员,获得授权的主管应参与调查。

2.3.8.2 分析问卷调查结果

培训人员应汇编并分析问卷调查的结果。结果报告至少应包含以下内容:

- 执行任务的难度
- 重要性
- 任务执行的频率
- 被调查人员发现的问卷中原本未包括的额外任务

由于每个群体对具体工作的看法各有侧重,这就可能造成分歧。这种分歧将在数据分析期间解决。具体任务的几种反馈意见如存在较大分歧,则应开展调查。问卷调查的结果应记录至岗位分析表中。输入该表的数据应是除主管以外其他所有人员返回问卷的数据平均值,而主管问卷的数据平均值将被用于确定调查的有效性。

调查结果可以通过手工或计算机数据库管理系统记录。反馈信息输入数据库之前,应检查每张返回的问卷,以便发现任何可能使反馈信息无效的问题。完成数据输入后,即可按需要分析调查数据,以确定每项任务的级别。

2.3.8.3　制定平均数值标准

对调查结果进行分析之后，即可利用反馈信息的平均数值选定需开展培训的任务。数值分界点应基于任务活动的相对影响确定。表 2-3-6 包含了每个类别的实例范围。通常，是否要进行培训由任务的重要性和难度决定，而培训的次数和时间则由任务的执行频率决定。

需要说明的是：运用 DIF 分析获得的最终结果并不一定是合理、有效的，还需要技术专家对结果进行分析，并根据岗位实际情况确定培训种类。

2.4　任务分析

任务分析的目的是：确定成功执行任务所需的知识、技能、能力和态度。为了有效地评估执行任务所需的知识和技能并掌握评估或考核时所需的详细情况，必须将任务细分为组成要素、子任务或步骤。附录六提供了某电厂任务分析数据收集表的模板。

在开展任务分析时，始终应当认识到：人类的行为是一个连续的过程，将其分解为所谓的组成要素、子任务的单元带有某种程度的人为性和随意性。但是，经过认真整理的任务分析能够为培训及其评估提供充分的信息。①

2.4.1　应遵守的绩效标准

绩效标准定义了可接受的任务绩效水平，具有可衡量的特点。绩效标准分为产品和过程两类标准(有许多任务同时适用于两种标准)。产品标准根据数量(数目)或质量(准确性、完整性、可靠性、精密度等)进行描述，而过程标准则是对程序步骤(顺序、用时、所遵循的指示、及时性、指令等)的概述。

确定绩效标准是任务分析中最困难的方面。用程序或者设计手册来确定产品或过程便可获得非常理想的结果。但是许多程序都不包括绩效标准，那么邀请知识丰富的主管为标准的制定提供一些指导是较好的一种解决方法。

提示：通常，只有新增任务或修正任务时才有必要进行分析。如果时间有限，应首先分析最困难的任务。

提示：编写良好的程序应包括操作步骤及必须达到的绩效标准。

“岗位分析和任务分析需要耗费大量时间、人力和物力，还需要有经验的专家参与。这就是有些电厂不愿意以岗位分析和任务分析为依据建立其培训大纲，而继续采用传统的主题式培训的原因。然而，这种做法是目光短浅的，从中长期来看：传统的主题式培训既不够高效、性价比也不高。”②

---

① I Sidney Gael (Ed.) (1988). The Job Analysis Handbook for Business, Industry and Government (Volume 2) (Pages 653-654).

② International Atomic Energy Association (1989). Executive Summary of the Guidebook on Training to Establish and Maintain the Qualification and Competence of Nuclear Power Plant Operations Personnel (Page 9). Vienna: International Atomic Energy Association.

2.4.2 知识、技能、能力和态度

在列出任务所需的知识、技能、能力和态度时，应当遵循以下准则：

- **知识**

执行大多数工作任务时都需要事实类或程序类的知识。事实类知识是指岗位员工本身应该具有的知识，程序类知识是指在工作过程中可通过查询程序获得的知识。区分事实知识和程序知识非常重要。通常需要仔细考虑任务的执行条件。

比如，在紧急情况下，是否有时间去查询程序？如果发生的是异常情况，是否有涵盖该情况的程序？在正常情况下，主管在布置任务时会提供何种程度的细节和指导？每当需要时就去查询程序是否可行？

- **技能**

技能是指通过不断练习而具有的完成某项工作所必需的本领。如果员工从直觉上感到执行某件事情需要练习才能掌握，则它就是一种技能。

- **能力**

能力很容易与技能相混淆。与通过练习获得的技能不同，能力是工作人员自身具有而带到工作中去的特性。大多数培训通常假定已具备的能力是体能（视力、听力、运动能力）和心理活动能力。

在绝大多数情况下，培训者可以忽略执行任务所需的能力，因为参加培训的人应具有完成工作所需要的最低能力。然而，在进行任务分析时简单列出所需的能力是很有益的：首先，可以明确地将其与技能区分，这样就不必浪费时间去进行这些方面的培训。其次，要获得某些执照或者证书需要具备一定的能力（例如未矫正视力不低于 0.5）。因此应对有关能力项目进行确认评估以确保符合法律规定。最后，有时还会遇到学员不具备有关能力的情况。这可能会给他们造成困难，甚至导致其无法完成任务。列出这些能力可以帮助教员迅速诊断学习过程中的问题，并且据此改变培训或考核方式。

- **态度**

员工有时会发现自己在进行岗位分析和任务分析时遇到问题，因为他们被要求具有或改变某种态度！问题是：如何看待“某种态度”？举例来说，某项培训要求学员达到以下要求：

- “务必具有安全意识”
- “做事务必专业”
- “价值观多元化”
- “展现领导能力”
- “更多信任感”
- “表现更强的责任感”

下一个问题：“怎样才能知道某人是否……？”例如：

- “怎样才能知道某人是否具有安全意识？”
- “怎样才能知道某人是否专业？”
- “怎样才能知道某人是否具有多元化价值观？”
- “怎样才能知道某人是否展现出了领导能力？”

- “怎样才能知道某人是否信赖他人?”
- “怎样才能知道某人是否有责任感?”

另一方式是以否定的形式提问,“怎样才能知道某人是否不具有安全意识?”这时得到的答案可能是无法观察衡量的。那么下一步就应该询问该项态度表现出的一些具体内容,他可能得到一系列可衡量的行为。这些行为就可以作为培训的内容了。

以下是 Robert F. Mager(美国人,教育和心理学家,培训和人员绩效研究领域的知名专家)撰写的摘录,对这一过程作了说明:

> 我曾经认识的一位车间培训教员完成了一份任务清单,其中描述了他期望其学员在完成课程后能够执行的任务。但是他对这份清单有些担心。
>
> “其中漏掉了一些东西,”他说,“比起这些任务,应该还有更多内容。”
>
> “哦,”我说,“您能举个例子吗?”
>
> “当然,”他回答,“我要求他们具备安全意识。”
>
> “这听起来很合理,”我说,“您能不能说明在看见某人时如何认定其是否具有安全意识?”于是我们列出了以下的“行动”清单:
>
> - 理解安全习惯的必要性
> - 在指定区域配戴安全帽
> - 将工作区域打扫干净
> - 在执行指定任务时配戴安全眼镜
> - 在台锯上使用锯罩
> - 重视安全设备
>
> “您怎么才能知道某人已经理解安全习惯的必要性?”然后我问。
>
> “嗯,在他们遵循安全规则时。”他回答说。因此我们删除了该处的模糊用词而代之以“遵循安全规则。”
>
> “您如何认定某人是否重视安全设备?”我接着问。
>
> “很简单,”他说,“他们妥善保养安全设备。”因此我们删除了这第二个模糊用词而代之以一项具体操作。于是,我们逐渐得出了以下列表:
>
> 遵循安全规则:
>
> - 在指定的区域配戴安全帽
> - 将工作区域打扫干净
> - 执行指定任务时配戴安全眼镜
> - 在台锯上使用锯罩
> - 保证安全用品状况良好
>
> 以上这些都是我们能够衡量和评价的,所以继续列出其他项目:
>
> - 在车间里的任何时候均应遵守所有已公布的安全规定
> - 每次进入指定区域时均要戴安全帽
> - 将碎屑扫入提供的废品箱以保持车床区域整洁
> - 在执行布告上的任务时应戴好安全眼镜
> - 使用台锯时,不得在未经允许的情况下卸除锯罩
> - 保持个人安全用品处于良好的工作状态

• 报告有故障的车间安全设施

当然，不同的人对安全意识的定义会有所不同，因为每个人所处的情况和环境都不相同。但是没关系，最重要的是应当说明为达到目标而需要采取的措施。只有这样才能知道需要采取哪些行动以达到目标。比如学员完成清单上所列的内容，那么就可以判断他们已经具备了安全意识，这样就完成了对于态度的分析。①

2.5 岗位任务分析方法

岗位任务分析可采用以下三种常用方法：

• 桌面分析(Table-Top Analysis)：通过专家组讨论的方式

• 验证分析(Verification Analysis)：在已有类似岗位分析信息的基础上，通过讨论等方式进行验证

• 文件分析(Document Analysis)：查找岗位所有相关文件的要求，确定任务清单

有一些传统的、比较正式的分析方法得出的结果在准确性方面有较高的可信度，如知识技能态度(KSA)分析方法，但这些方法既耗时又昂贵。一般只有在因为意外事件、任务复杂或参考资源(如：技术专家、程序和其他技术文档)不足而导致其他低成本的方法不起作用时，才会使用这种非常正式的方法。只要有可能，就应使用更为有效且更简单的方法(如：桌面分析方法)。一般性的规则是：某个岗位的不正当操作对环境、安全和经济等因素的影响越小，则该岗位需要的分析法就越简单。

2.5.1 桌面分析

桌面分析由技术专家和工作组通过小组讨论的方式对岗位和任务进行分析，在会上达成对任务和培训需求的一致性认识，并确定任务与培训课程的关系。使用桌面分析方法可在短期内取得能够接受的结果。通常需要一位熟悉此项分析方法并且懂得如何应用其分析结果的人员负责组织进行桌面分析。为了使桌面分析方法取得成效，至少需要有一名在职者和一名主管参与任务或课题讨论，该负责人将组织有关研讨并将有关信息记录成文。这种方法能否见效主要取决于这个分析小组的专业知识以及负责人归纳总结信息及决策的能力。

2.5.2 验证分析

验证分析是指在已有类似清单的情况下，技术专家和工作组根据当前岗位情况对材料进行验证，使清单符合当前的岗位要求。此方法允许借鉴其他地方具有相同或类似任务的清单。这一流程可大幅节省精力和成本。使用这些清单需要技术专家和接受过培训的负责人提供协助。专家将利用这些清单确定哪些任务适用，而哪些还需要进一步修订以体现岗位要求；并确定其他可用于认定岗位相关培训要求的信息来源和行业准则，包括同行业(如WANO/INPO)的良好实践指南。验证方法包括以下步骤：

---

① Mager, Robert F. (1988) Making Instruction Work (Pages 46-47). Belmont, CA: David S. Lake Publishers.

- 收集现有的相关培训资料和任务信息
- 将该信息与具体需求进行对比
- 按照需要修订有关信息
- 由技术专家验证该信息的准确性

2.5.3 文件分析

文件分析是直接根据运行规程、管理程序和其他相关文件决定工作所需知识和技能的简化分析方法。在具备正确的程序和其他岗位相关文件时，此方法特别有效。为确定培训大纲的内容，需要一名技术专家及一名教员共同审核有关程序或文件的每个部分及每个步骤。

文件分析包括以下步骤：

- 审查程序或文件并且列出任职人员所需的知识和技能
- 验证分析结果的准确性

2.6 需求分析

如前 2.1 节所述，需求分析是为了确定工作绩效缺陷是否与培训相关。很多时候培训被认为是解决问题或者改善绩效缺陷的良方，其实培训并不能解决所有的问题，有时候未达标准的缺陷可能与设备故障、程序不完善和工作人员的态度等有关。在这种情况下，就应该通过需求分析来确定绩效缺陷是通过培训解决，还是需要其他方面的配合。

核电厂在进行需求分析的时候，可以应用如下资源：

- 未遂事件
- 事件/事故报告
- 同行的评估报告
- WANO(世界核电运营者协会)评审
- 设计变更
- 运行手册或其他程序的变更
- 工作职责变更

现有的培训数据，可从 SAT 的各阶段文件中收集。例如：

- 任务清单
- 任务分析数据
- 培训目标
- 课程资料
- 课程计划
- 教员授课报告
- 学员的培训后反馈
- 主管的培训后反馈

有效的需求分析必须有技术专家(SME)参与，SME 包括对工作要求和绩效标准十分熟悉的在职者或主管。收集附加数据的方法有：

- 亲自观察
- 工作采样
- 标准化测试
- 问卷调查
- 会谈
- 专题小组
- 对标评审

培训需求审核的目的在于确定培训是否是实现目标、解决问题的正确手段。因此必须仔细核查问题的根源以找到正确的纠正措施和方法。

2.6.1 人员绩效因素

如果不向人们提供必需的信息，他们很容易自行其是并可能造成其绩效达不到组织的期望。因此，在将绩效问题视为需要进行培训的标志时，分析人员必须了解可能影响绩效的因素。一般说来，有 4 种原因可能会造成人们的绩效低于标准：

不知道……	员工不了解期望的绩效要求。
不知道怎样……	员工缺乏按期望要求执行的知识或技能。
不能……	存在妨碍达成期望绩效的环境障碍。
不愿……	员工自身对于达到绩效要求存在消极的态度。

培训是为解决第二种原因——知识或技能欠缺而设计的一种活动。

2.6.2 确定知识和技能缺陷

培训开展过程中，负责培训项目规划的工程师应及时收集和整理如下文件，包括但不限于：

- 经学员手签的培训签到表
- 教员批阅并签名的考核试卷(含岗位培训评价表)
- 考核成绩统计表及电子版本
- 学员自我评价表

培训的目的是传授实现期望绩效所需的知识和技能。需求分析是要设法确定知识或技能是否是导致绩效问题的因素。在分析过程中，相关人员应当调查 3 项行为特性：一贯性、共性和特殊性。①

- **一贯性**

这名员工执行该任务的方式是否总是错的？

如果某员工能够按正确方式执行任务，那就表明是其他原因导致其不正确的操作。可能是因为缺少正确的工具或有关工具使用不便，可能是程序存在问题，或者也可能仅仅是该员工未充分重视该任务。

---

① Kelley，(1967). Attribution theory in social psychology. In D. Levine (Ed.), Nebraska symposium on motivation. Lincoln：University of Nebraska Press.

• **共性**

有多少员工在以不正确的方式执行该任务?

如果只有一名员工执行该任务的方式不正确,则开展某些形式的单个培训可能比较合适。由主管实施的岗位培训或非正式培训可能是最适当的解决方式。

如果所有员工执行该任务的方式都不正确,培训可能是适当的解决方案。仔细调查该任务是否曾经正确执行过;这是否是一个新的工作任务以及是否曾经进行过培训。

• **特殊性**

仅这一项任务,还是有其他要运用类似知识和技能的任务也在按不正确的方式执行?

如果员工在类似的任务中犯下相似的错误,这表明其知识和技能有欠缺,因而培训可能是合适的解决方案。

2.6.3 审核现有的培训资料

如果分析结果表明:知识和/或技能可能是造成绩效缺陷的原因,且有关培训资料也已建立,那就应该对现有的培训资料进行审查。技术专家配以有经验的培训教员就能很好地完成此项工作。利用选定需培训的任务清单和适用的运行规程,针对下列内容审查现有的培训资料:

• 需培训的任务相关的培训资料已经建立

• 最终培训目标已经确定,且该目标的内容正确,并与任务描述一致

• 资格认定标准与最终培训目标相符

• 已确定分解目标,经过排序后,它们能够准确地反映出为执行程序中规定的任务而需要具备的知识、技能和态度

• 测试项目(问题)能根据培训目标和程序提出的条件和标准准确地考核学员的表现

该审查结果可以帮助分析人员将选定的培训任务归入任一下列类别:

• 对该任务的培训适当而充分

• 对该任务的培训已建立但需要变更

• 对该任务的培训尚未建立

如某个培训项目已建立了有效的任务清单,且根据需求分析的结论,已确认该项目应包括更多任务,则应将这些任务添加至任务清单。如果需求分析未得出需添加新任务的结论,则应审查该项目的任务清单,以确定是否要修订任务名称或是否需要变更其培训方式(例如:初始培训、再培训等)。如果该培训项目尚未建立有效的任务清单,需求分析的结果可能是为满足特定任务的培训需要而设立一项具体的培训课程。在进行岗位分析时,则应将该任务列入任务清单。

2.6.4 需求分析结果

需求分析结束时会提出采取适当行动的建议。此类行动可以是开展培训和/或采取其他行动,或者是不立即采取行动。需求分析应包括:

• 确定培训对象

• 确定绩效缺陷

• 找出造成绩效缺陷的原因

• 建议采取的绩效缺陷解决方案

需求分析由来自职能部门和/或培训部门的技术专家实施，并需取得培训部门经理的批准和职能部门经理/培训项目负责人的认可。培训需求分析报告模板可参见附录七。

2.7 总 结

在进行和评估分析活动时，应强调以下关键事宜：

• 由培训人员和岗位工作人员共同参与SAT培训分析过程

• 认真考虑绩效问题的其他解决方案，包括培训和其他管理举措

• 工作绩效标准的认定需通过审查现有岗位分析数据或进行在职人员调查，并由技术专家确认

• 采用明确的标准和统一的办法对岗位及任务数据进行收集、分析和审查

• 在确定选定任务所需的知识、技能和能力时，技术专家应为培训管理人员提供指导和帮助

到系统化培训方法的分析阶段结束时，分析人员应已：

• 确定了有效的培训需求

• 选定了需开展培训的岗位任务

• 确定了执行任务所需的知识和技能背景，以及任务单元

培训分析阶段的产物：

• 特定岗位的任务领域清单

• 特定岗位的任务清单

• 需要培训的任务清单

• 复杂任务的“任务分析数据收集表”

复习思考题

1. 陈述分析阶段的目的。

答：为培养合格人员确定必要的绩效要求和培训需求。

2. 确定选择培训任务常考虑的三个因素。

答：难度、重要性和频率。

3. 术语辨析：能力和技能。

答：能力是个人与生俱来的本能，例如：听觉、视觉等。

技能是指对某事的精通程度，可以通过练习得到提高。

4. 陈述培训需求分析的目的。

答：确定岗位绩效缺陷是否是因为缺乏相关的知识和技能，或者是因为没有对相关事项进行培训。

5. 有助于确定知识或技能缺陷是否是导致绩效问题的三种行为特性是：一贯性、共性和特异性。辨析这三个术语。

答：一贯性：该员工是否总是不能正确地执行这个任务？

共性：是否所有的员工都不能正确的执行这个任务？

特殊性：运用类似的知识和技能是否无法正确地执行其他任务？

6. 列举出三种培训需求分析的来源。

答：允许不同的答案，但是应与下列的例子和参考资料相一致：

未遂事件、事故报告、同行评估报告、运行手册或其他程序的变更等。

7. 确定以下项目属于知识、技能、能力还是态度(请在正确的选项中划“×”)

	知识	技能	能力	态度
滚轴溜冰		×		
怎样去邮局	×			
背诵字母表		×		
所在地区的邮政编码	×			
对培训的兴趣				×
用非惯用手书写		×		
正常色觉			×	
唱“我的祖国”		×		
更专业				×

8. 检查以下影响绩效的因素清单，请将它们分类为两类：即，最好通过培训解决或最好通过其他管理措施解决。并说明理由。

	最好通过培训解决	最好通过其他管理措施解决
未纠正的设备问题		×
电厂工况/配置异常		×
模拟机/培训的模拟逼真度不够		×
设备标识不明确		×
在岗位上分心		×
任务中断		×
任务非常复杂	×	
记错或遗忘		×
精神状态/先入为主的观念		×
目光短浅或缺少大局观		×
作了错误假定		×
给予的重视程度不够		×

续表

	最好通过培训解决	最好通过其他管理措施解决
为完成工作而抄捷径		×
具备/缺乏需要关注的意识		×
错误诊断		×
对故障/后果的恐惧		×
疲劳/疲倦		×
对完成任务感到有压力		×
疾病/伤害		×
过于依赖惯用的指示设备		×
不相信指示设备/信息		×
由于设备的运行历史而对设备不信任		×
对具体系统或部件缺乏认识	×	
过于自信/非常成功的过往经历		×
对工作任务的态度不端正		×
不熟悉岗位绩效标准	×	
不理解指令/信息	×	
对任务不熟悉/不熟练	×	
不熟悉信息的来源/可用性	×	
未察知的情况	×	

9．一贯性、共性和特殊性。

假设作为一个交通警察，以下摩托车驾驶人员被指控违反交通规则而犯有过失。作为交警，请判断出现哪种情况时将判被告接受驾驶员培训课程，并提出判决理由。

(1) 地面有冰雪，在十字路口停车拟转弯，驾驶员转弯未果而撞到十字路口对面车道上的停驶车辆。冰和雪泥是事故的引发因素。

不建议进行驾驶员培训。冰和雪泥是驾驶员无法控制的。没有证据表明该驾驶员是惯犯。驾驶员培训似乎不能防止此类事故的再次发生。

(2) 警察发现驾驶员骑摩托车未戴头盔。该驾驶员辩解说，不知道驾驶摩托车必须戴头盔。

被告承认他不知道根据法规规定骑摩托车人员必须佩戴安全帽。如果没有警察出面干涉，该人的这种错误行为会一直错下去(只是涉及该驾驶员，不是所有的驾驶员)。这种行为具有特殊性。是否还有其他的交通规则他不知道？建议进行驾驶员培训。

(3) 警察发现被告在禁止超车的区域超车。驾驶员知道他处于禁止超车区域，但认为超车是安全的。

驾驶员知道他违反了交通规则，但是认为在当时的情况下没有必要遵守交通规则。不建议进行驾驶员培训。（可以开出高额罚单）

10. 分析以下描述是否为任务。

项　目　描　述	是	否
更换××设备的润滑油	×	
了解橙牌资格人员辐射防护的基本要求		×
校准××仪表	×	
掌握急救技能		×
编制××报告	×	
就教员引入的缺陷，在模拟机上将反应堆至于安全停堆状态	×	
分析××设备噪声异常的原因	×	

第三章　培训设计

3.1　培训设计简介

在分析阶段，通过对选定任务进行的分析，确定了执行岗位任务所需的技能和知识，这是培训设计的基础。在开展设计活动时，将运用上述信息制定有效的培训项目。

设计活动不需要完全按照本部分所描述的顺序进行。每项设计活动均可独立实施，视培训项目的具体情况而定。应对现有培训大纲加以评估以确定其中的不足之处。可通过内部（例如主管人员）和外部评审（例如同行评估）获得对现有培训项目的反馈意见，之后即可采用适当的设计活动落实这些改进之处。

主要的设计活动包括（参见图 3-1-1）：

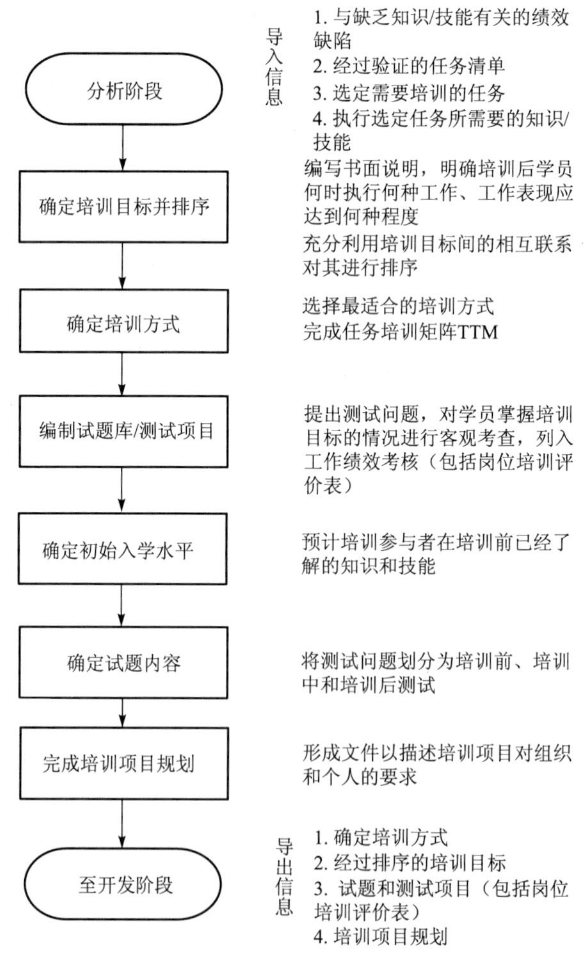

图 3-1-1　设计阶段导入/导出信息流程图

- 确定合适的培训方式
- 编制培训目标并对其进行排序
- 开发测试项目(试题库)
- 开发岗位培训评价表
- 描述期望学员具备的初始入学水平
- 编制培训项目规划

3.2　设计阶段的定义

培训目标(Training Objective):是指对培训后学员应当具备的可以衡量的行为(行动)描述,包括绩效评定条件和标准。分为最终目标和分解目标。

最终目标(Terminal Objective):是指培训后对培训学员表现期望总的描述,直接从任务转化而来。最终目标包括与岗位相关的条件、行动和标准,并得到分解目标的支持。一项最终目标对所有分解目标进行了总结。

分解目标(Enabling Objective):是指支持最终培训目标完成的一系列阶段性目标。它们是组成培训内容的小的学习点。

培训方式(Training Setting):是进行培训的场所或设施的类型,例如,课堂、模拟机、岗位和实验室等。

岗位培训评价表(Job-Performance-Measure,JPM):在岗位培训中为个人提供的一份文件,用于证明以任务为基础的绩效测评结果。

3.3　编制培训目标

培训目标的编制是以任务分析的结果为基础进行的。培训目标以可衡量的绩效形式描述了学员应学到的内容。它们将在岗位上执行的任务与培训项目联系起来。编制培训目标的基本步骤见图 3-3-1。

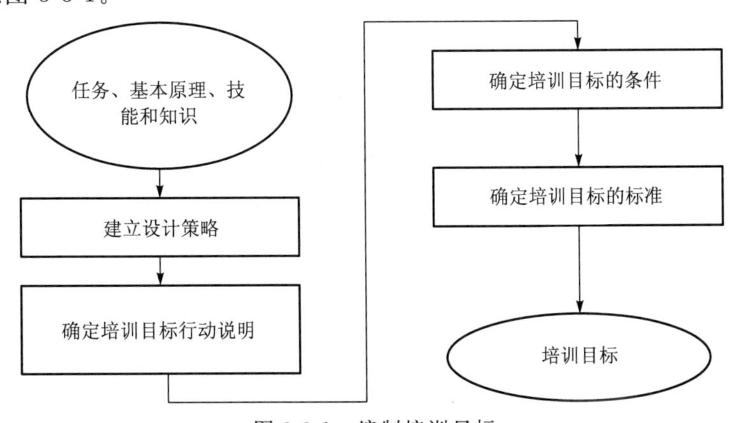

图 3-3-1　编制培训目标

合适的培训目标应由以下内容组成:

- 学员必须执行的行动

- 行动的条件
- 合格的标准(绩效标准)

有两个层次的培训目标:最终目标和分解目标(参见图 3-3-2)。

图 3-3-2 培训目标

最终目标:在培训课程结束时要求达到的绩效水平。最终培训目标相当于“任务”,可以直接由任务转化而来(多数时候,任务=最终培训目标)。

分解目标:为了完成最终目标需要达到的小的技能和知识的水平要求,或者为了完成最终目标而需要完成的任务的步骤。

在制订分解目标时,应当初步估计学员具有的初始入学水平。学员已经掌握的知识和技能可为编制分解目标提供指导,也可以此为基础对分解目标进行审核以确定有无调整必要。

制订培训目标时,将执行以下步骤:

- 确定学员的行动说明
- 规定学员行动的条件
- 描述用于评估学员绩效的标准

3.3.1 确定行动说明

制订培训目标的第一步是确定行动说明。行动说明中包含一个清楚定义要求学员所做事情的行为动词,该行为动词应确定可观察且可考量的学员行为。例如,在目标“启动应急润滑油泵”中,行为动词“启动”清楚地确定了模拟机培训或岗位培训的最终操作。

但是知识类和技能类的培训目标采用的动词有所区别:技能是指体力或操作活动,知识涉及记忆、理解或应用信息。比如说针对“应急润滑油泵”而言,课堂培训的分解目标的行动说明可能是“陈述应急润滑油泵的用途”;而技能类的就可能是“启动应急润滑油泵”。

3.3.2 确定条件

正确的培训目标应当清楚地陈述学员操作时的条件。操作条件定义了电厂状态、环境情况和辅助学员操作的可利用资源。典型的条件包括:

- 电厂的运行模式
- 安全考虑或灾害
- 设备和设备状态
- 需使用的工具和材料
- 可用参考资料(示意图、电厂程序、供应商手册、流程图、教材等)
- 环境条件
- 问题情形或意外事件(异常情况或紧急情况)

这些条件来源于任务分析期间确定的各种工作条件。在制订培训目标的条件时,也许有必要对其进行调整,以便反映出培训环境可以达到的逼真度。例如,正式的岗位培训和模拟机培训可以高度真实地模拟工作条件，因为它们反映了实际的工作条件。而采用课堂培训或自学时，培训目标的条件受到课堂或自学环境的制约。例如：根据记忆执行主蒸汽发生器的紧急排气程序。在此目标中，行为动词是“执行”，而条件是“根据记忆”。如果在课堂内培训此目标时，就应将其改为：根据给出的流程图，描述操作员在主蒸汽发生器紧急排气时必须执行的动作。在这里，行为动词是“描述”，而条件是“使用流程图”。

表 3-3-1 为培训目标条件的示例。

表 3-3-1　培训目标条件的示例

培训方式	条件类型	示　　例
岗位培训	电厂的运行模式、设备和设备状态	假定：反应堆满功率运行，二次侧冷却水回路有一台热交换器运行，另一台热交换器备用，且二次侧冷却水泵一台运行，另一台泵备用。操纵员如何根据系统温度限制运行二回路？
实验室培训	设备、材料	假定：已有给水样品、实验室设备和试剂。按电厂的程序分析给水样品的 pH
课堂培训	参考材料	假定：已有防火手册。陈述对扑救“电气设备”火灾最有效的灭火剂
	安全考虑	假定：已有整套防护服。按正确顺序穿着这些服装
模拟机培训	问题状况或意外事件	假定：已知主给水泵发生故障。选择排除主给水泵故障所需的正确电厂程序
车间培训	设备、工具、参考资料	假定：已有三相电机的拆散部件、适用工具和技术手册。按正确顺序组装三相电机部件

3.3.3　确定标准

完善的培训目标应包括学员绩效的评估标准。学员的行动应产生一个结果，对该结果的数量或质量要求即为绩效标准。标准可以是不允许发生偏差的步骤，也可以是行动的成果以及判断该成果的重要因素。

绩效评估标准来源于任务分析期间确定的工作标准。与培训目标条件的拟定过程类似，培训目标的标准也需要根据具体的培训方式进行调整，以便反映出培训方式可以达到的逼真度（相对于工作标准而言）。

例如：假设有相关程序，应急发电机（EPG）处于停运状态，在 30 min 内正确地将 EPG 与应急供电系统同步。这里的行为动词是“同步”，条件是“假设有相关程序”及“应急发电机处于停运状态”，标准是在“在 30 min 内、正确地”。

表 3-3-2 为培训目标标准的示例。

表 3-3-2　培训目标标准的示例

标准	规定的内容	示　　例
完整性	描述准确的行动结果的性质、结果中必须具备的特性的数量、可接受的最低绩效水平	使用计算器，将两个 3 位数相乘，答案应精确到小数点后 1 位
	必须包含步骤的数量或顺序	假定：已有给水样品、实验室设备和试剂，分析给水样品的 pH。分析步骤应按正确的顺序执行，并应与电厂程序相符

续表

<table>
<tr><th>标准</th><th>规定的内容</th><th>示　　例</th></tr>
<tr><td rowspan="2">准确性</td><td>必须达到的标准；指出操作必须达到的准确程度；以正确的数字表示误差</td><td>假定：反应功率运行，给水调节系统处于手动模式、已知宽量程蒸汽发生器的水位读数和蒸汽发生器的系统说明，计算蒸汽发生器的窄量程液位，精确到宽量程水位的±5%</td></tr>
<tr><td>可接受答案/绩效的取值范围（可能为定性范围）</td><td>假定：有一个调整不当的汽化器和必要的工具，调整汽化器，使发动机在最平滑点处怠速</td></tr>
<tr><td rowspan="2">速度</td><td rowspan="2">允许操作的时间为多少天、小时、分钟或秒？</td><td>假定：有 200 字草稿，以不低于每分钟 40 字的速度正确无误地打一封信</td></tr>
<tr><td>假定：有拆散的球阀、抹布、垫衬材料、工具和技术手册，在 30 min 内重新组装该球阀</td></tr>
</table>

3.3.4　分类法

培训目标描述了需要学习的内容，而且还是在岗位上执行任务和在培训中学习如何执行该任务的纽带。按照有利于培训的方式和顺序组织这些信息，是培训者最重要的职责之一。虽然有许多人认为他们无需任何正式培训就能完成上述工作，但分类法的知识的确能够为编制培训目标和安排培训活动提供帮助。

培训中使用最广泛的一个分类法最初是由 Benjamin. S. Bloom 制定的。它描述了学习的认知（或思想）领域。其他人后来又发展了描述技能活动（体力）领域和情感（感情或态度）领域的分类法。学习从分类体系中的“较低”阶段向“较高”阶段推进（参见表 3-3-3、表 3-3-4 和表 3-3-5，表格顶部为较低阶段，表格底部为较高阶段）。技能活动领域的实例可以最好地说明以上情况，例如：

- 幼儿在很小时就会注意区分人的语音和其他声音，这属于技能活动领域中最低的层次——观察和感知
- 到一定年龄后，其身体已发育到足以发声，不过仍不会说话，这是第二个阶段——准备，即作好开口说话的心理、身体和情感准备
- 幼儿最早说的话经常是其父母所教的“妈”、“爸”和发乎自然的“不”，这就是引导型响应
- 经过实践，他们将学会连贯发声（习惯养成）
- 再过不久，幼儿就可以不加思索、不费力气地发出任何声音了，这就是复合型响应阶段；以上四步骤可以称为幼儿的练习阶段
- 之后，幼儿们会用新的方式将单词串连在一起；在使用句法和语法造句时，孩子们经常发明新词，这就是他们自己的实践阶段

分类法的内容概括如下：

表 3-3-3 认知领域的分类法

分类体系层次	通用目标	行为动词
知识	理解术语 掌握详细的事实 掌握规则 掌握趋势和顺序 掌握分类和类别 掌握标准 掌握方法和程序 掌握原理和普遍性原则 掌握理论和结构	定义、命名、陈述、确定、描述、区分、辨别
理解	解释沟通 阐释相互关系 通过给出的数据进行推断	说明、转换、解释、预计、归纳、推理
应用	应用原理	使用、解决、构建、准备、展示
分析	分析组织和关系	区别、概述、图示、区分、推理、解释
综合	产生新的安排	设计、组织、重新安排、编辑、修改、创建
评价	根据客观标准判断 根据证据判断	评估、比较、对比、区分、批评、探察

表 3-3-4 技能活动领域的分类法

分类体系层次	通用目标	行为动词
观察和感知	认知重要线索 将重要的线索与行动关联	观察、记录、询问、确定、区分
练习	准备阶段： 表现执行工作的心理、体力和情感准备	开始、继续、启动、显示、展示
	引导响应阶段： 模拟、试验响应	显示、模拟、操纵
	习惯响应阶段： 习惯性地执行任务	显示、证明、操纵
	复合响应阶段： 依靠自信和专业水平执行工作	装配、修理、操作
组织实施/执行	调整技能，适应现状	改变、变化、修改
	创造新表现	发起、编写、构建、设计

提示：在进行岗位分析和任务分析时，参考学习分类法通常非常有用。分类法能提供描述行动步骤的动词并阐明任务的执行难度

表 3-3-5 情感领域的分类法

分类体系层次	通用目标	行为动词
接受	表现对独特功能的了解 表现接受意愿 指出注意事项	描述、确定、选择、感激、承认
响应	接受规章和责任要求 选择可以接受的方式响应 在响应中显示满意程度	执行、坚持、展现、遵守
价值观评估	采纳提议 显示对价值观的偏好 表明对价值观的承诺	解释、证明正当、展示、辩护
组织	理解价值观之间的关系 建立价值观体系	解释、辩护、证明正当
价值观的捍卫	以符合价值观的方式行动	显示、实践、展示

提示：如果要制定调整态度方面的培训，参考情感领域的分类体系十分有用。虽然分类体系中的较低层次是不可观察的行为，但其较高层次都是可见的行为，这些行为有助于描述期望学员在培训结束时做到的事情

3.3.5 通用目标

针对同一类别的培训课程(如电厂系统)，使用通用培训目标可以在正常和异常条件下为确保目标覆盖的知识范围提供管理控制，并可以补充相应任务分析过程中可能遗漏的方面。而且使用通用培训目标，可以大大减少岗位任务分析的工作量。

在进行通用目标的设计时，以下范例中列出的每一个标题均应给予考虑。请注意，范例包括了要求记忆和应用知识的目标描述。在电厂系统培训课程方面，很多电厂已编制了通用的培训目标清单。对于同一类别的培训课程，可在参考的基础上，编制统一的通用培训目标。下面的范例可以作为编写一门电厂系统培训课程培训目标的通用模板(范例)。

系统培训的通用目标范例

目的：

叙述________系统的目的。

设计和相互关系：

1. 提出________系统主要部件的名称。
2. 绘制________系统的单线图，表明与其他系统的相互关系。
3. 描述________系统与下列系统之间存在的功能依赖性。
4. 预测在________瞬态期间，________系统会做出的反应。

运行：

1. 概述________系统的运行情况。
2. 陈述________的原因。
3. 理解在下列条件下________系统正确的调整情况。

4. 确定下列电厂工况适用的规格书章节。
5. 将下列________系统条件分成正常或异常情况。
6. 将每个________系统试验与发现的条件对应起来。
7. 预测怎样的变更环境工况会影响________系统。

程序：

1. 确认________程序放在何处。
2. 对________活动选择程序。
3. 确定在下列情况下________系统的限值。
4. 概述如何________。
5. 列出不正确地执行 ________的后果。
6. 描述报告错误的流程。

取样：

1. 识别________系统中的取样点。
2. 描述 ________系统流程中________样本的取样位置。
3. 识别对________取样所使用的设备。
4. 确定________取样时阀门的调节情况。
5. 确定________取样时的冲洗或再循环要求。
6. 列出可能影响________分析结果的因素。
7. 描述在________样品上所需的标签信息要求。
8. 描述如何运输________样品。
9. 概述如何处置________样品。

控制：

1. 识别________系统控制的位置。
2. 描述________控制的布局、设计或运行限制会如何影响员工的人因错误。
3. 将________控制的调整与其影响系统参数对应起来。

报警：

1. 识别与________系统相关的报警。
2. 识别下列________报警传感器在何处监控系统。
3. 识别________报警信号装置的位置。
4. 认识________系统报警的设定值。
5. 识别下列电厂事件期间预期的报警。
6. 识别验证________报警的条件。

指示器和监控器：

1. 识别与________系统相关的可运行监控器。
2. 识别在流程路径中每个监控器测量________系统性能的位置。
3. 按照具体的事件匹配________系统或部件监控指示。
4. 认识每个________系统监控器的故障模块。

系统相关的危险或安全程序：

1. 识别与________系统相关的人员风险或危险。

2. 列出与________系统相关的注意事项。
3. 描述下列条件如何损坏________系统。

3.4 整理归纳培训目标

组织和归纳培训目标并将其排序，是为了方便制订培训大纲。排列得当的培训目标可保证培训所耗的时间最短，还可帮助学员的技能和知识水平从一个层次上升至另一层次。对培训目标进行排序之前，必须理清培训目标之间的相互关系，这些关系包括依赖关系、支持关系和通用因素以及独立关系。参见表3-4-1。理清关系之后，我们可以对培训目标进行归纳总结，从而将相关联的培训目标组织成一门课程，这个过程必须有技术专家参与。

表3-4-1 培训目标之间的关系

	依赖关系	支持关系	通用因素	独立关系
定义	一个培训目标中的技能和知识与另一培训目标中的技能和知识密切相关	一个培训目标中的技能和知识与其他培训目标中的技能和知识有某些关系	培训目标中具有相同的行为动词和类似的行为对象，或者包含相同的基本信息或技能	一个培训目标中的技能和知识与其他培训目标中的技能和知识不相关
详细说明	要掌握一个培训目标，必须先掌握其他培训目标	掌握了一个培训目标就可以过渡到另一个目标的学习，并使另一个目标掌握起来更容易	包括基本设备和工具的名称和使用方法，以及诸如数学和科学之类的教育学科	掌握一个培训目标不能使其他培训目标更易于掌握
示例	1. 学习乘法，首先必须先学会加法	1.“装配一个旋转式泵”是“拆卸一个旋转式泵”的支持性内容	1.“为电容拆焊”这一培训目标，“拆焊技术”可能在早期就已培训过，而其特殊要求则可在电气线路维护培训期间加以说明	1.“陈述交流发电机的运行原理”独立于“解决电路原理图中的电感问题”
	2. 排除泵的故障，首先必须学习泵的正常操作	2.“排除离心泵的故障”是“排除旋转泵的故障”的支持内容	2. 培训目标“识别电容器”和“识别变压器”中，可将“电器元件（电容器和变压器）的识别”放在“电容器和变压器的维修”之前培训	2.“调整柴油机的燃料喷口”独立于“更换燃料泵”
关系排序	应将此类培训目标按临近顺序放置，以实现从一个培训目标到另一个培训目标的自然过渡	为提高培训的有效性，应在培训初期将此类培训目标分组并排序	一般而言，只要没有遗漏，此类培训目标可以按任何顺序排列	

3.5 确定培训方式

培训方式是开展培训和学习的途径(参见图 3-5-1)。培训方式包括:

- 课堂
- 实验室或车间
- 正式岗位培训(OJT)
- 模拟机
- 自学
- 基于计算机的培训(CBT)

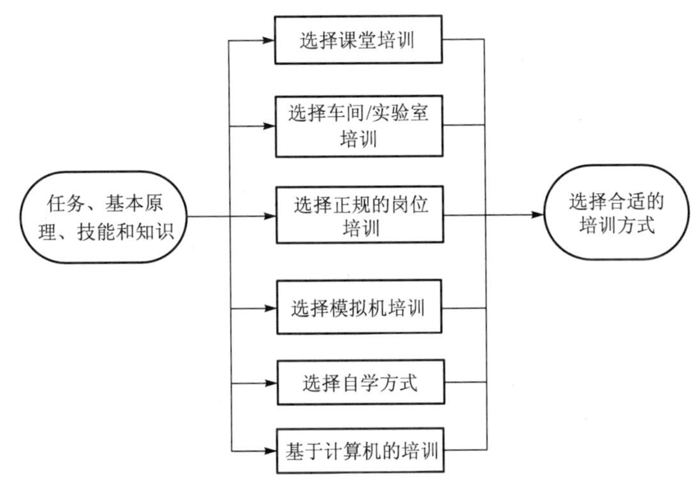

图 3-5-1 选择培训方式

培训方式选定于培训系统设计初期,因为它们影响着培训目标的制定。应对任务、基本原理及其所需技能和知识进行审核,以便确定培训方式是否适合将要进行的培训。审核时还应选定替代方式,因为受制约条件影响,特别是当首选方式可能对电厂的设施和资源产生不利影响时,培训方式都可能需要调整,这些制约条件可能是:

- 培训方式的制约(例如设备调度)将严重推迟培训的完成时间
- 一种培训方式的代价远远高于其他方式(应从短期和长期成本的角度进行分析)
- 过度地进行正式的岗位培训可能会扰乱电厂的日常运行

这些制约条件将影响任务、基本原理、技能和知识的培训逼真度。为帮助确定培训方式,可将全部任务归为三类:

- 需完整再现的任务
- 需部分再现的任务
- 需要脱离单个具体任务,进行分类培训的技能和知识

第一类任务需通过全范围模拟机或在实际工作环境内进行完整模拟。此类任务的培训逼真度最高,对岗位而言也最为重要。

第二类任务要求利用模拟体、实验室或车间进行培训。

第三类任务要求为学员提供教室或自学地点，以便学员掌握履行任务所需的技能和知识。

3.5.1 课堂培训

课堂是由教员指导开展集体培训的一类地点。课堂培训包括讲座、示范和由学员积极参与的讨论。符合以下条件的培训可考虑采用课堂培训：

- 在培训期间将要讲授大量的内容
- 将有大批的学员在指定的时间参加培训
- 其他培训方式不合适或不可用

3.5.2 实验室/车间培训

在实验室和车间培训期间，按照不同的逼真度模拟了任务操作的多项工作条件（如：环境、系统、设备等）。实验室和车间允许培训学员在动手操作的环境中应用课程资料。在培训任务操作的基本技能时，它们特别有效。符合以下条件的培训可考虑采用实验室/车间教学：

- 任务、基本原理和技能需要通过动手操作的方式掌握
- 可在实验室/车间中模拟工作条件

3.5.3 正式的岗位培训

岗位培训的目的是使电厂员工在实际工作环境中接受合格人员提供的培训，从而具备合格的岗位资格。正式的岗位培训既能提供动手操作的经验，还能让学员在培训的同时为电厂的运行作出积极贡献。符合以下条件的培训可考虑采用正式的岗位培训：

- 培训的任务能够以小组形式完成
- 电厂中不存在重大的资源制约，工作环境能满足培训条件
- 具备合格的人员组织和管理正式的岗位培训

3.5.4 模拟机培训

全范围模拟机提供了真实而又不影响电厂运行的培训环境。此环境特别适用于下列岗位的培训：值长、主控室操纵员和副操纵员。此外，符合以下条件的培训也可考虑采用模拟机培训：

- 为了学员掌握培训内容，需要高度逼真（与实际任务操作非常接近）的培训环境
- 在紧迫的状况下进行问题诊断是培训内容的必要成分
- 团队合作是执行任务的重要组成部分

3.5.5 自学

自学的条件是直接向学员提供培训教材，或者让学员在需要的时候能够使用电厂的设施。自学的方式通常与其他培训方式相结合进行。虽然自学不需要全职教员，但由合格的电厂人员提供指导和帮助还是必要的。自学还应经常由合格的人员组织测验，以便对学员的进度进行考核并提供反馈意见。符合以下条件的培训可考虑采用自学：

• 无需严密监管的培训任务

• 可以直接向学员提供培训教材，或者能够让学员在需要的时候使用电厂的设施。如果培训需要使用电厂不易提供的特别设施、条件或设备，则应考虑采用其他培训方式

• 任务较易实施，可以要求学员在一定的时间内完成。“非常困难”或“极其困难”的任务更适合采用能实施监控和提供即时反馈的培训方式

3.5.6 基于计算机的培训(CBT)

CBT 一般作为其他培训方式的支持手段，比如课堂培训和自学都可以采用 CBT。与其他培训方式相比，一般只有在计算机可以帮助学员有效地、经济地完成培训目标的情况下才会选择。

CBT 在培训中的应用比例逐渐增加，其获得重视的原因如下：

• 学员可以根据自身情况灵活调整自己的培训时间，不必考虑教员和其他学员的时间因素

• 学员可以根据自己的能力调整培训进度，感觉有难度的章节可以重复学习，直到充分理解培训材料

• 很多例子表明，CBT 能够更有效地提高学习效率，从而减少单个学员的学习时间，降低培训成本

• 由于不用对整个课程进行全面讲解，教员就会有更充裕的时间就最难的部分为学员提供更有效的帮助

• CBT 可以通过设计好的软件完成考试、自动评分并保存记录

• 很明显，培训方式选择的一个重要因素是成本。对于很多电厂通用的一些培训目标，CBT 在节约成本方面具有很大的优势

如果要选择 CBT 作为培训方式，必须考虑以下问题：

• 如果出现法规、电厂系统及程序的变更，那么 CBT 的成本将会提高

• CBT 的成本在不同地方差异很大，有时可能非常昂贵，尤其是需要运用视频互动系统

• 对于某些应用细节方面的内容，CBT 系统需要一个设计团队的支持，这个团队成员至少需要包括高水平的 SME、图形设计师和软件工程师。因此编制可行性的指南对于 CBT 系统设计者非常重要

目前对于 CBT 应用的实际情况是：即便是在非常先进的电厂人员培训体系中，CBT 也只占很小的比例。

3.6 测试项目和试题库

培训开发者对学员施加的最大影响发生于测试期间，因为学员要通过测试，就必须完成培训开发者根据培训目标编制的有效、可靠的测试项目。除简单地考核学员对培训目标的掌握程度之外，测试还具有许多目的：可促进学员集中精力努力掌握培训资料，并反馈学员是否掌握了培训内容；已批阅的带有详细反馈意见的试卷可为学员提供最后的学习机会；还可评估培训的有效性。

3.6.1 试题库开发原则

开发试题库需遵循 4 条“黄金”原则：

（1）每个目标至少编制 1 个测试题目

培训目标是基于任务分析编制的，那么如果测试问题并未覆盖每个目标，将会遗漏执行任务所需的知识或技能。有时，一个目标过于复杂，无法通过一道题目加以充分测试，需为该单一目标制订几个测试项目。将若干目标组合在一起并使用同一个测试问题进行测试，就能制订更多具挑战性且更让人感兴趣的测试项目，案例分析就是其中的一种形式。

（2）每个测试题目至少须与一个目标有关

如果测试项目与培训中的内容无关，则该测试无效。如果无法找到与某问题有关的目标，则需要建立一个新目标，或更换新问题，因为原问题微不足道且与工作任务无关。

（3）每个测试项目必须有答案和参考资料

每个测试项目都必须有准确的答案。如果问题没有确切的答案或者测试项目的措辞容易让学员产生误解，那么该测试题目就应该重新进行修改。为了更好地避免此类问题的发生，最好的方法就是由他人对试题和答案库进行检查，以确定每个答案都是对问题的确切回答。

注解答案的出处非常必要，其理由是：

- 保证答案的正确性
- 允许他人验证答案，以便在必要时能够迅速检查来源文件
- 供学员参考
- 如果来源文件发生变化，应对答案进行修正

（4）每个答案必须包括所分配的分值，如果分数分配不明显，应采用评分指导

评分指导用于强调哪些知识是比较重要的，所占的分值比例较高。同时在告知学员最终得分的时候也可以清楚地说明每个题目期望其答案达到的详细程度。

提示：许多缺乏经验的教员在编写测试问题时，会首先精心构思问题，然后再为其答案寻找合适的培训目标和参考资料。这样是在浪费时间！首先应该根据任务确定对应的培训目标，然后根据培训目标制定测试题目，这才是正确的途径。

准备测试项目的基本步骤：

- 参考培训目标，选定一个要制订测试项目的课题
- 确定培训目标要求达到的水平（高水平的培训目标很难用答案简单的项目考核）
- 采用学员熟知的术语编写测试项目、答案和参考资料
- 如有必要，为测试项目的答案编写简短且易于理解的说明，不使学员对教员的要求抱有任何疑问
- 分配分值，必要时列出详细的评分指导
- 至少由 1 位其他人员审查测试项目的内容准确性、形式和可读性
- 在正常测试条件下，由学员代表验证测试项目
- 利用测试项目进行测试

3.6.2 试题设计形式

测试问题可采用以下形式表达：

- 是非题
- 搭配题
- 选择题
- 简答题
- 论述题

各种题型的设计说明如下。

3.6.2.1 是非题

是非题提出一个陈述，学员必须选择该陈述是正确或错误。是/非概念可能会有衍生形式，如选对或错，或任何其他非此即彼的对立选择。

示例：对下列陈述，选择正确或是错误：

问题：缩写 INPO 代表国际核电运营商协会。（正确或错误？）

是非题易于编写，评分便捷而客观，且可采用机器打分。是非题不适用于较高层次的、长且复杂的或要求独自回忆有关信息的目标，因为只有两种答案选择，这种题型鼓励猜测，猜得对也能得高分。是非题应用准则：

- 每个陈述必须非真即假，不能模棱两可
- 避免使用诸如“大多数”、“有些”和“许多”之类的词
- 每个项目均以肯定形式表述（不得采用否定形式）
- 如使用是非题的衍生形式（如：对/错、动作/动作对象等），应保证学员能理解不同选项的定义

3.6.2.2 搭配题

搭配型的测试项目，应给予学员一组单词或词组作为题干，要求将其与另一组答案项中的单词/词组或数字/字母搭配起来。答案项可以是示意图、图形、图表等类型，搭配是多项选择题型的延伸形式，最好能将其与其他题型配合使用。

示例：在以下列表中，将系统化培训方法的各阶段与培训步骤搭配起来。

培训步骤	系统化培训方法阶段
提供培训	A. 分析
开发培训评价表	B. 设计
制订培训目标	C. 开发
进行需求分析	D. 实施
进行任务分析	E. 评估
编写测试问题	
撰写课程计划	

应用准则：

- 必须对题干、答案项及答题方式提供明确的说明
- 列表必须简短
- 列表最好采用单个单词或短语的形式(较长的陈述或段落易造成混淆)
- 答案项应比题干多出大约3个,从而消除通过排除法推测答案的可能性
- 将测试项目的所有内容放在同一页面上

搭配题易于编写,以列表形式提供时尤其如此。与是非题类似,其评分客观而便捷,可采用机器评分。

3.6.2.3 选择题

选择题要求学员从一系列选项中选择正确答案。

选择题包括两部分：

- 题干,给出具体内容并提出问题
- 选项,4或5个可能的答案,其中之一是正确答案。错误选项是为了吸引不知道正确答案的学员的注意力

精心选择的干扰项可减少碰巧选中正确答案的概率,设计不当的干扰项将使问题变得毫无意义,从而无法准确地考核学习状况。

示例:选择最恰当的答案。

问题	在发现一个人失去知觉后,首先应当:	题干
	检查脉搏和呼吸	干扰项
	确定自己了解急救知识,并询问是否需要帮助	干扰项
	评估该区域的危险性	正确
	检查破裂和出血情况	干扰项
问题	测量放射剂量的单位是什么?	题干
	次数/秒	干扰项
	拉德	干扰项
	半衰期	干扰项
	雷姆	正确

应用准则：

(1) 有关题干

- 可采用完整的问句或不完整的陈述句的形式
- 在与每个答案项连接时必须保证语法完整
- 应促使学员在解决问题和选择正确答案前回想起更多信息
- 必须明确、简洁,其措词应使具备相关知识的学员无需扫视选项就知道正确答案
- 避免使用否定词
- 避免使用程度量词,例如“始终”、“绝不”、“所有”、“一般”、“无”、“有些”、“仅”等等

(2) 有关选项

- 必须以简单、明确的语言编写,尽量使用专业术语

- 必须在长度上保持一致，可能情况下尽量简洁
- 必须是似是而非的答案
- 应当与期望学员具备的知识相称
- 所涉及的知识范围应相对狭窄(否则就比较容易选出正确答案)
- 应按逻辑顺序(如果存在)排列
- 不应包含不必要的重复
- 避免干扰项重复
- 应避免使用否定词
- 应避免使用完全相反的多项选择

提示：学员应能在 1 小时内回答约 50 道选择题。

设计得当的选择题有许多优点：能迅速地测试大量培训目标；其评分客观而便捷；可以采用机器评分；可对学习状况进行可靠评估。其主要缺点是不适用于需要独自回想的培训目标。

对许多高层次的测试和证书考试而言，精心准备的选择题的优点要远大于其缺点。尤其是某些测试项目进行了大量研究，编制了可靠的选择题并予以验证。当然，采用选择题的准备工作可能要耗费大量的时间和精力，但是这些额外消耗的时间和精力，将会以有效并可靠的测试结果得到回报，并且会让学员感觉到测试是公正的。

3.6.2.4 简答题

简答题要求学员用一个单词或短语回答一个问题、补全不完整的陈述、填充不完整的表格或图表。简答题可以是下列任一形式：

(1) 回答

问：	氚元素中有多少中子?
答：	2 个
问：	以正确的顺序列出系统化培训方法过程的 5 个阶段
答：	分析、设计、开发、实施、评价

(2) 填空

问：	在 CANDU 反应堆中，冷却剂是________，慢化剂是________，应急冷却水是________。
答：	重水(D_2O)、重水(D_2O)、(轻)水(H_2O)

(3) 表格/图表填充

在下表中填写满功率时的参数值：

参　　数	满功率时的温度/℃
中心燃料管道温度	
出口集管的温度	
蒸汽发生器的蒸汽出口温度	

应用准则：

- 每个问题应当措词清晰，围绕一个中心问题
- 对如何回答该问题给出明确说明
- 避免使用“如何”和“为什么”，因为它们容易导致答案过长
- 切勿使用可以用对/错、是/非等回答的问题

简答题很容易编写，其评分通常也比较便捷和客观，能将猜测成功率降至最低程度，并且它们能为需要简单回想的项目提供可靠结果。重要的是，问题要尽可能具体，以限制与正确答案刚刚沾边的答案数量。简答题不适用于长而复杂的内容，因而极少用于较高认知层次的测试。答案须容许稍有变化（即，回答不完全与标准答案相同，但非常接近，可以给予全部得分）。

提示：有关答案的数量或者层次，在题目中可以直接体现（如：列出 5 个词组），以便学员作答，或通过该问题的分值间接体现。

3.6.2.5 论述题

普通的论述题要求学员撰写较长篇幅的叙述、说明、辨析或评论。论述题可包括计算、作草图和绘图。学员必须确定答案并加以表达。由于重点是书面表达，论述题的有效性可能不太经得起考验，尤其是用作选拔手段时。

论述题可以测试认知能力的所有范畴。由于评分困难、有效性问题以及其对学员构成的压力，对较低层次的认知能力，如：认知、理解和应用能力，最好使用简答题或多项选择题。而在测试较高层次的认知能力，例如分析、综合和评判能力时，使用论述题较为适当。

论述题有两种主要类型：

（1）结构型

系统化培训方法过程是开发绩效导向型培训的有效方法。

定义绩效导向型培训	[5 分]
描述 SAT 过程中对 SAT 有效性构成影响的步骤	[10 分]
描述 SAT 过程的一些缺点	[3 分]
系统化培训方法的优点是否多于其缺点？用自己经历的一个实例进行论述	[2 分]

结构型论述题针对正确答案，向学员提供了清晰的指导路线。由于答案范围的不确定性较低，结构型测试项目更适于客观内容的考核。

（2）非结构型

许多培训教员感到 SAT 的设计模式对开发绩效导向型培训十分有效。使用一个自己经历的实例进行论述	[20 分]

非结构型论述题要求学员解读什么才是题目所要获得的答案。学员必须读懂诸如“论述”之类词语的含义，而后选择与题目有关的事例和关注点，然后选择具体的表达方式。通过绘图、制表、论述等方式都可以，每个答案都将是独特的。

非结构型论述题的答案独特性，使得对它们进行评估和客观评分都十分困难。因而，非结构型论述题不适用于考试，一般在练习中使用较好，因为教员可以根据完成情况适时地提

供反馈和更多说明。

应用准则：

- 只有在必要时才使用论述题
- 为论述题的制定、答题和评分提供充足的时间
- 测试问题必须清晰、准确并且定义明确
- 界定问题的范围以限制答案长度。启发式的、没有标准答案的开放型问题不适用于测试，应只限于学习中使用
- 应通过问题的内容、所赋分值和培训目标，提示希望答案达到的详细程度
- 为学员提供足够的答题时间
- 必须在答案中提供详细的评分说明，即“评分指南”。应标出关键词语、步骤或词组的适当分值。每种答案可能都需要进行深入评判，以考证其正确性

论述题杜绝了凭猜测答题的弊端，并为学员提供了自我表述的机会。它是能被用于测试较高认知水平的少数方法之一。遗憾的是，论述题也有不少缺点。其答案的形式和内容变化多样，为了能够准确地评分，评分者需具备有关课题的深层次知识。评分很容易带有主观色彩。而采用结构型问题并提供详细而灵活的评分指南有助于将评分主观性降低到最低限度。

表 3-6-1　不同问题类型的比较

		是非	搭配	选择	简答	论述
优点	易于编写	×	×		×	
	评分客观	×	×	×	×	
	评分便捷	×	×	×	×	
	可采用机器评分	×	×	×		
	可迅速测试大量的培训目标			×		
	结果可靠			×	×	
	可将猜测成功率降至最低				×	×
	可提供自我表达机会					×
缺点	猜准答案可获高分	×				
	不能测试较高认知水平知识	×	×			
	不适于测试长而复杂的培训目标	×			×	
	重点关注一个领域可能无意中提示线索		×			
	可利用认知和推理答题		×			
	无法用于要求独立回想的培训目标	×	×	×		
	鼓励猜测	×	×	×		
	须接受变化多样的答题形式				×	×
	评分者须具备学科的深层知识					×
	评分有主观性					×
	以书面交流技能为重点可能并不适当					×

3.6.3 测试项目和考题验证

如果考题是为选拔而编制，则它必须表现出作为判断(学习)成果和未来岗位绩效指标的可靠性。如果不经过验证，在讨论会上就很难说服他人将其作为考试用题。

一家主要的美国测试公司对多项选择题进行的验证过程如下：

(1) 新的测试项目由培训部门内部评审者审核；对于新颖的观点或对少数团体关注的敏感试题，可委托培训部之外的评审者审核。必要时，应对测试项目进行修订。

(2) 新测试项目是在真实的测试条件下提供给学员的。新测试项目的得分不会计入考试成绩，但要将新问题的得分和总体考试成绩进行比较。如果新测试项目能很好地体现总体考试结果，那它就会被批准使用并纳入试题库以备将来使用。

(3) 通过从已批准的问答库中选择考题的方式编制试题的样卷。整个考试内容必须涵盖所有的培训目标。

(4) 样卷将由3位试卷审核人在没有答案或参考资料帮助的条件下进行独立审查。3位审核者必须对所有问题的最佳答案达成一致意见。

(5) 对样卷的所有内容进行审核；如必要，可调整分值的分配情况。

(6) 试卷的校对人员应检查试卷的内容、措词和布局，付印前要再检查一次最终样稿。

(7) 组织学员参与测试并打分。

(8) 分析测试结果，找出具备有关知识的学员也始终回答不出的问题，并根据情况修订或删除这些问题。

(9) 大多数室内培训课程无需实施上述严格的验证过程。但它的确提供了理想的测试项目和试卷的判断指标。试题验证步骤严格与否与培训质量的好坏密切相关。

3.6.4 试卷和试题库

测试问题选自试题库。理由有二：

- 题库包含的项目比需要在实际测试期间给出的项目多
- 该库中包括了考查同一培训目标的多种不同题型。使用整个试题库可多次考查同一个培训目标

通常是从库中选择问题以组织试卷的内容。如果试题库容量非常大(>500个项目)，则可以给予学员完全访问权限，否则不能给予访问权限。题量过少的话，学员通过短时记忆(而非学习)就可以通过考试。

常用的做法是：给予学员对问题和参考资料的访问权限，而非答案的访问权。这样的话，学员可使用这些问题指导自己的学习并练习答题。同时让其接触这些问题也有助于减轻其考试恐惧感。

3.7 组织考试

培训时要用的试题是利用测试项目开发时汇编的测试项目库编写的。通过组织考试，可区分已经掌握培训目标的学员和未掌握的学员。在培训期间进行的考试包括培训前、培训中和培训后测试。

培训前测试用于确定各个学员参加培训项目的资格，它还可以确定是否需要补充培训及是否需要为某位学员加快或免除所有或部分培训。由于这些原因，培训前测试应当抽查培训课程的关键培训目标。

培训中测试用于衡量学员在培训期间的进度。培训中测试的范围应仅覆盖在特定培训阶段中已经完成的培训目标。

培训后测试是考核学员是否成功地完成了整个培训项目。它应当全面涵盖整个课程，其内容应非常详尽，能够清楚地辨别学员是否已掌握培训目标。

在组织测试时，应执行以下步骤：

- 制订考试规范
- 编写考题
- 设定考核标准

3.7.1　制订考试规范

考试规范定义了将要进行的口试或笔试的范围和重点，规定了每个领域的培训目标在考试中的比重。考试规范的目的是保证考试对关键领域进行了考察。本节举出了一份“50个测试项目的规范表”示例（表3-7-1），此表格确定了主要的内容领域和培训目标的层次。表格内每个单元格表示了某内容领域所需的考题数量（或百分比）。每次考试的考题数量是由需测试的培训目标的数量、难度和重要性决定的。而内容领域则是由课程、单元或课程目标的范围决定的。可分别为培训前、培训中、培训后测试建立规范表。

表3-7-1　普通员工培训前测试/培训后测试(50个测试项目)的考试规范表

	培训目标的层次			
包含的领域	事实、术语和符号	原则和概念	应　　用	问题总数
基本原则	1	1	0	2
生物效应	0	2	0	2
管理	2	2	1	5
照射量控制	2	5	4	11
污染控制	2	5	3	10
监控	1	3	1	5
访问控制	3	3	1	7
异常事故/紧急事故	1	2	3	6
防护服和呼吸设备	1	1	0	2
问题总数	13	24	13	50

操作考试是为了考查学员对于有实际或模拟工作条件的培训目标的掌握情况。尽管在真正的岗位上实施考核评价是最真实有效的考核手段，但由于培训环境的制约，采用模拟体进行替代性考核也是必要的。

操作考试可以考查以主要基本原理或技能为基础的培训目标，这些主要基本原理或技能可能仅支持一项任务也可能支持着多项任务。例如，操作考试可以针对技术程序的执行、管理技能的展示或在有压力的情况下对新工况作出响应等方面的培训目标进行考核。

最常见的操作考试包括：工作抽查、鉴定考试，以及主管、同伴或自我评定。考核内容应包含基础原理知识和实际操作技能（步骤或者关键点）。尽管通常考核的是个人操作，但当培训目标涉及的任务在工作环境中需要多人完成时，也可以对多人或团队的表现进行考核。

3.7.2 编写考题

应当使用题库中的项目和适当的考试规范准备培训前、培训中、培训后测试，并定期调整具体的测试项目以避免考试内容泄密。采用等效的测试项目可使测试的范围和难度保持不变，也使学员的表现和培训项目的有效性能够随时得到评估。

3.7.3 设定考核标准

考题准备好后，应当建立培训标准（比如：合格/不合格），设定培训标准并以之区别学员的绩效是否达到要求。如学员在岗，则绩效标准即为岗位标准。而在培训期间，这些标准可能与工作标准有所不同。考核标准应依照期望学员在完成特定培训阶段后达到的熟练水平制定。考核标准应规定以下任一内容：

- 操作考试的“通过/未通过”分数线
- 表示笔试通过/未通过的百分比（%）

表 3-7-2 有效考试的四项要求

要求	具体标准	推荐做法	备注
有效性	该测试能否考查学习效果？ 该测试能否预计未来的工作表现？	系统化培训方法有助于确保考试具备较高的有效性。所有测试项目均为支持培训目标而设，而培训目标则是事先根据执行工作任务所需的知识和技能制订的。根据执行这些任务的人提供的信息，确定并选择需培训的岗位任务	考题中不应全部是难题，较好的做法是：在试卷前半部分出一些简单且多数学员能轻松回答的问题，以增加学员的信心，并帮助其减轻对测试的忧虑感
可靠性	测试能否准确并始终如一地考查学习效果？	针对同一培训目标编写两套题型和难度都相同的试卷。学员可以任选其一。如果两套试卷的总体成绩大致相同，那么考试就是可靠的 这就是要准备多套试卷的理论基础。不同班级应采用不同的试卷，这可以防止学员依靠记忆过去试卷的答案答题	
区分性	测试能否判别出未学习过培训资料的人员？ 测试能否判别出无法执行工作的人？	简单的考试具有较高的有效性和可靠性。它们能够始终准确地考查人们很久以前学过的知识或技能。因此，它们不能辨别学员是否参加过培训课程的学习。考试的主要目标之一是：辨别学习过培训资料的学员。测试问题应具有挑战性，从而区分学习过培训资料和未曾学习过培训资料的学员	
综合性	测试是否覆盖了所有培训目标？	理想的测试将覆盖所有培训目标，而这经常是不切实际的。在可能的情况下，应采用一次能够考查多个培训目标的测试问题。与较低层次认知领域（例如了解或理解）中的测试问题相比，较高层次（例如分析）认知领域中的测试问题能够更好地评估综合学习效果。假定课程的学习内容涵盖了不同的水平层次，则考题中的大部分内容应重点关注较困难的项目，因为这些项目能够拉开学员之间的成绩	

3.8　开发岗位培训评价表

在岗位和任务分析期间，选定了需要培训的任务，定义了完成岗位实际操作所必需的基本原理、条件和标准。岗位培训评价是对任务进行实际操作时的考试，其主要目的是：

• 考核员工在岗位上或培训期间能否胜任特定任务的操作。为保证评价的有效性，最好使考核环境与实际工作环境尽可能一样

• 为最终目标提供支持，该目标是依据可考核的学员表现而制定的培训目标

• 岗位培训评价的内容来自于任务和任务要素

• 定义了提示员工执行特定任务的提示语或信号

• 确定了动作发生时的工况

• 建立了衡量操作适当性的标准

制定岗位培训评价表的步骤是：

• 确定考试的限制条件

• 确定待考的任务要素

• 确定条件和标准

• 确定评分方法

• 试点测试及修订岗位培训评价表

岗位培训评价表模板见附录八。

3.8.1　确定考试的限制条件

开发岗位培训评价表的第一个步骤是：对任务进行审核以确定潜在的考试制约条件。制约条件包括时间、人力、设备、电厂状态和资源的可用性。如果执行整项任务需要的时间超出了考试的合理时间，则应通过任务要素进行筛选，确定关键任务要素，再根据关键任务要素制订岗位培训评价表。

有时会发生设备或设施无法支持员工考试的情况。如果设施或设备无法满足已选定任务的测试要求，则应使用模拟体进行考查。

费用是影响岗位培训评价的另一项重要因素。必须将组织测试的费用保持在合理限度内。对于许多不常执行的任务，不必要求一定要在真实的工作环境中进行，可以通过模拟考试进行。

由于辐射或其他制约条件，电厂许多区域可能不允许接近，模拟考试是推荐采用的替代方式。

确定岗位培训评价是否应进行模拟考试时，应作以下评估：

• 任务操作考核会对电厂系统或设备的备用性和有效性产生何种影响？

• 实施任务操作考核可能对电厂人员造成何种潜在危险或损坏？

• 任务操作考核将耗用的电厂人员、设备和材料费用是多少？

3.8.2　确定待考的任务要素

当制约条件使得岗位培训评价无法重现整个任务时，那就应该考察任务要素。任务要素包括标志着整个任务圆满完成的重要决策点。如能对这些任务要素进行实际测试，则岗位培训评价应围绕着它们建立。

3.8.3 确定条件和标准

确定了考试的制约条件和模拟要求之后，岗位培训评价的重点就转移到确定任务操作所需的条件和标准。虽然理想的情况是重现实际任务的行为、条件和标准，但根据实际培训和考核的情况进行确定是最为经济合理的选择。对具有多项条件和多个决策点的任务，可针对每项条件或决策点制定岗位培训评价表。

条件是任务操作的前提。它们定义了电厂的工况，并包括了在任务操作时员工可利用的信息和资源。这些条件能最好地考核员工在实际情况下执行任务的能力。

岗位培训评价表中还包括任务操作考核中一贯使用的考核标准(数量或质量方面)。标准可能关于操作流程、产品，或两者兼有。流程标准是必须遵循的一步一步的步骤，通常不容许有偏差。其他标准则可能规定输出的产物(工作表现)和判断操作可接受性的标准(例如厂家技术规定的标准、在规定时间内完成等等)。

3.8.4 制订评分方法

确定了岗位培训的内容之后，就应制订评分方法。岗位培训评价表中规定的行动步骤或要点通常要求员工毫无偏差地执行每个步骤。而对于其他需要考核工作产品(即有形结果)的培训，必须定义得分点，以便清楚地区别达到要求和未达到要求的操作表现。

任务操作考核所采用的评分方法应当是可靠而公正的。可靠意味着在任何既定的考试环境中，不同评分人员采用相同考核标准，以相同的方式对员工进行考核。

3.8.5 试点测试和修订岗位培训评价表

经过验证的岗位培训评价表应经过试点测试，且可视为任务操作的准确指标；也就是说，通过岗位培训评价的员工在岗位上能够很好地执行任务。

对岗位培训评价表进行试点测试的准则如下：

- 确保岗位培训评价表的完整
- 为组织岗位培训评价安排所需资源
- 为评分者提供评分说明
- 确定考生
- 安排一位技术专家作为观察员记录岗位培训评价的缺陷信息
- 根据观察到的缺陷修订岗位培训评价表

3.9 描述学员初始入门需具备的知识和技能

确定了测试项目之后，应立即制订入门水平测试，并组织学员中的代表参加测试。测试结果用于确认学员是否具备参加培训所需的基本技能和知识，还可用于确认已制订的培训目标是否与预期的入门级技能和知识相符。此过程有助于确保节约培训时间和资源，避免不必要的培训。

在确定预期的学员初始入学水平时，应执行以下步骤：

- 制订入门水平测试，组织未来学员中的一组代表参加该测试

• 评估入门水平测试结果，确定学员入学的基本技能和知识，并根据这些技能和知识修订培训目标和测试项目

3.9.1　开发和组织入门水平测试

入门水平测试的目的是确定学员入门的初始技能和知识。测试项目的编制应以课程培训目标为基础。为保证学员能够理解和完成规定的培训目标，学员自身必须具备一定的理论知识和技能，这些理论和技能就是入门水平测试需要考核的内容。入门水平测试项目准备好之后，应组织学员代表参加测试。

3.9.2　分析入学水平测试的结果

入学水平测试的结果表明了学员已掌握的和所欠缺的技能和知识。评估的第一步是：将学员在入学水平测试中的表现与测试项目建立时制定的培训标准进行比较。

如果测试结果表明学员不具备培训的基本要求，则应将对培训目标的分析延伸到较低层次的技能和知识。应当制订新培训目标及其测试项目，以弥补有关人员在技能和知识方面的差距。然后，组织学员参加新测试并对结果进行分析。该过程需持续进行，直至学员的技能和知识水平达到培训目标和测试项目的要求。

如果入学水平测试结果表明，测试项目涉及的一些培训目标已为学员掌握，那么应从培训大纲中删除这些培训目标和测试项目（或留作复训用）。这有助于确保培训大纲仅提供新的学习内容，从而节约时间和资源。

3.10　编制培训项目规划

培训项目一般指的是与核电厂安全相关的、由一系列课堂或岗位培训课程组成的比较重要的培训。比如电厂系统培训、重要岗位培训、年度安全授权复训等。

培训项目规划介绍了培训项目的组织、规划和管理。它为整合学员、教员、支持服务、设施和设备等资源提供了指导。由于汇集了上述培训项目的元素，培训项目规划应当具有灵活性，并应协调所有培训责任单位的工作。

以下信息概述了制定培训项目规划的主要步骤（见图 3-10-1），这些步骤包括下列内容：

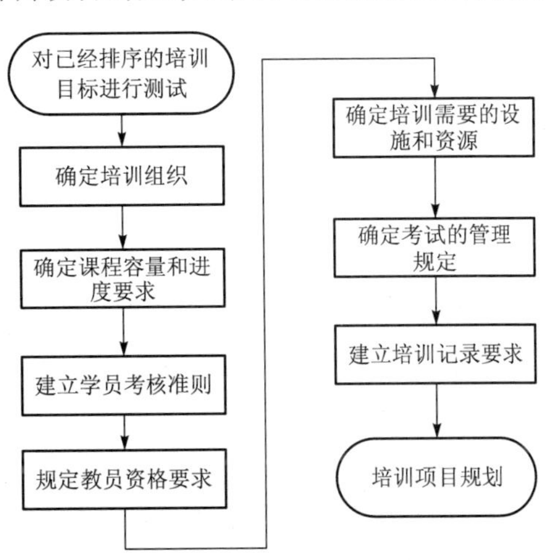

图 3-10-1　制定培训项目规划

（1）确定培训组织

负责培训项目管理的组织在规模和结构上各不相同，这取决于各电厂的具体情况。应当明确培训组织的权限以及与电厂其他部门和合作单位的关系。培训组织应当配备足够的合格人员，负责开展有效的培训管理、监督、开发和实施。

培训组织的职能应当涵盖课程进度安排、学员管理、教员的监督和考核、学习资料的评估和修订、教学消耗品的采购、培训文档的维护，以及培训项目进度和有效性的汇报。

（2）确定课程容量和进度安排要求

培训项目规划应当说明学员的负担和课程进度要求。这将由以下因素决定：需求分析时确定的培训要求、计划新员工和需培训的现有员工可参与培训的程度。课程容量和进度安排还将受到可获得的合格教员、设施能力和设备可用性的影响。

（3）建立学员考核准则

培训项目规划应列入学员的考核标准。该标准应为测试、布置、循环复习、补充培训和对在职表现的跟踪评估提供依据。培训考核准则应涵盖下列内容：

• 结合以往的培训或经验评估培训前测试的结果。在此评估过程中，可考虑根据培训前测试的结果提供补充培训或免除全部或部分培训

• 在整个培训课程中，采用培训中测试定期评估学员表现。准则中应提出对课程表现不理想的学员的处理方法。准则还应涵盖的内容有：咨询和补充培训的规定、循环复习早期培训内容，或在适当时删除课程内容

• 使用培训后课程测试考核学员对课程资料的理解和记忆情况

（4）规定教员的资格要求

确定教员的资格对任何培训项目都是十分重要的，这是培训项目规划不可缺少的一部分。应根据岗位要求以系统的方式确定教员资格。

（5）确定需要的培训资源和设施

为确保能将设施和资源用于支持培训活动，培训项目规划应涵盖硬件设施、设备和参考资料。硬件设施和设备包括：

• 课堂设施

• 可为动手操作培训提供适当条件的实验室和车间

• 实时、全范围的主控室模拟机，可为识别以及控制正常、异常和紧急工况提供动手操作培训

• 足以满足培训人员需要的办公空间和设施

• 视听辅助装置及设备

• 在模拟机培训中可供学员使用的、与现场一样高精度的工具和设备

技术参考资料应覆盖与大纲、教员和学员相适应的课题层次，应适用于电厂系统和设备，应与电厂的变更同步。其实例包括：

• 电厂有关文件（程序、图纸、技术手册等）

• 描述重大行业事件的资料

• 与培训有关的法规、行业标准、公告和准则

• 核电厂技术文本

• 贸易、技术和工程刊物

• 技术法规、指南、规范和标准

• 电厂设备的技术文本和培训资料

• 工程手册

• 关于行业培训和有关课题的参考资料

（6）编写考试管理规定

培训项目规划还应提出考试管理规定，具体包括以下内容：

- 考试安全，包括考题保密的义务，避免考题在复印、储存、使用和考核中发生泄密的情况
- 提前通知学员考试需要的资料和考试期间应遵守的规程
- 为学员提供考试说明，其中包括：考试目的、遵守考题说明的重要性、时间限制及对答卷的特别说明
- 答案的编写和使用
- 采用测试项目开发中建立的培训标准，评估考试结果
- 对考试结果的处理，包括与学员的交流

(7) 确定培训记录要求

培训项目规划中应确定培训的记录要求，该要求应包括保存期限、查询和修订的程序，从而提供以下内容：

- 与培训项目有关的记录，可供审查过去和当前培训项目的内容、进度表和培训结果
- 学员的个人记录，其中包括学员成绩的历史记录和取得的从业资格证书

3.11　设计阶段的具体实践介绍

对于一个特定岗位，在培训分析阶段，已经获得如下结果：

- 该岗位的任务领域
- 该岗位的培训任务清单
- 该岗位需要培训的任务清单
- 复杂任务的任务分析数据收集表

在设计阶段，主要的目的就是将分析阶段的结果转化成该岗位的培训大纲，具体步骤如下。

3.11.1　培训目标的编制

根据需要培训的任务清单，编制该项任务的培训目标（包括最终目标和分解目标）。具体步骤包括：

(1) 开发最终培训目标：一般由任务直接转化而来。

(2) 对每一个最终培训目标（任务），确定适当的培训方式，包括课堂培训、岗位培训、模拟机培训、实验室车间培训、自学和计算机辅助培训。确定培训方式的一个主要目的是，可以判断最终培训目标（任务）的实施方式，对培训课程的形成有着指导意义。

(3) 对同一个任务领域内需要培训的任务（即：最终培训目标）进行排序。按照简单到复杂，相互支持关系，以及培训的先后次序等进行排序。排序的目的之一，是为了方便下一步将任务与培训课程对应起来的工作。

(4) 对任务进行组合，确定培训课程。可一个任务对应一个培训课程，也可以多个任务对应一个培训课程。

举例：以下是电气维修岗位的多个任务，经分析认为，可以通过一个培训课程“电工基本技能”组织实施：

- 测试低压绝缘
- 制作电缆接线端子
- 电气布线

- 拆接、制作交联电缆头
- 制作控制电缆头
- 制作热缩电缆头
- 母排、电缆连接方法
- 拆装接触器
- 空气开关通电实验
- 校验热继电器
- 维修照明设备

附录五“任务培训矩阵”中的举例也可参考。

对于一个特定岗位，经过该步骤后会形成该岗位对应的培训课程清单。

需要特别说明的是，对于基础性的培训课程，如基础理论、基础技能、专业理论等，是包含在许多岗位任务所需的知识、技能背景之中的。这部分的培训课程，一般放在该岗位第一个任务领域“背景知识和技能”中。所需的知识、技能要求，则在以下几步操作中完成。

(5) 编制分解培训目标。分解培训目标与分析阶段得出的“任务分析数据收集表”中“任务单元”有着密切的关系。

举例：对于“检修装卸料机推杆组件”这一培训课程，分解培训目标如下：

- 陈述装卸料机推杆组件工作原理
- 陈述装卸料机推杆组件部件总体布置
- 阅读装卸料机推杆组件维修规程
- 阅读装卸料机推杆组件试验规程
- 陈述维修后的验收标准
- 陈述备品备件的选用要求
- 陈述密封件更换要求
- 陈述异物控制的要求
- 分析工作中的辐射风险
- 分析工作中的工业安全风险
- 陈述辐射防护用品的使用要求
- 脱开装卸料机推杆组件与料仓
- 解体装卸料机推杆组件
- 检查装卸料机推杆组件零部件
- 清洁装卸料机推杆组件零部件
- 更换装卸料机推杆组件的密封件
- 更换装卸料机推杆组件滚珠丝杆螺母的滚珠
- 组装装卸料机推杆组件
- 装卸料机推杆组件在试验台架上进行试验
- 试验完后对装卸料机推杆组件进行疏水
- 保养装卸料机推杆组件

分解培训目标的作用：教员知道应该教授什么；学员知道应该学什么以及完成培训的标准；在培训结束后，教员可根据分解培训目标考核学员，验证学员是否通过培训。

对于不同种类的培训课程，分解培训目标编制的方法也略有不同。

对于技能类的培训课程，原则上是由知识背景、技能基础和执行步骤三大部分组成。也就是执行该项任务需掌握的知识和技能基础，以及完成工作任务过程中每个工作步骤依据的标准。

(6) 建立培训的初始水平要求。即学员在参加该项培训前应该具备的知识或经验水平。

(7) 选择评价方式(考核方式)。可采用闭卷、开卷、岗位培训评价、模拟操作、口试等多种方式。原则是通过考核可以了解学员对分解培训目标的掌握情况。

(8) 开发试题库。

根据分解培训目标为每门课程开发试题库。

3.11.2　培训课程编制的说明

培训课程，需要根据任务、最终培训目标和分解培训目标进行开发。一般遵循如下原则：

(1) 对于电厂系统对应的任务，一般是将该岗位针对某个系统的所有最终培训目标和分解目标全部列入该课程单元之下。如主控室操纵员对于主热传输系统的所有培训目标全部列入"主热传输系统"这一课程单元之下。

(2) 对于操作类的任务，一般是以该操作(或几个同类操作)作为一个课程单元，如"投运/停运液氮罐和氮气系统"(化学运行岗位)、"更换燃料操作重水系统过滤器滤芯"(换料机械检修岗位)。

(3) 对于操作类的任务中包含的基础技能类分解目标(如"钳工技能")，一般可以将该技能作为一个培训课程，并将该技能在其他任务中出现的分解培训目标一并列入。需要说明的有两点：1) 该技能虽然从对应的任务中单列出来进行培训，但该分解培训目标仍然存在于对应任务中；2) 基础技能的培训要在对应任务前进行培训。举例："电动扳手使用和维护"(机械维修岗位的技能)。

(4) 对于某些任务中对应的基础知识类分解目标，可以将这些分解培训目标汇总成某门具体的课程单元，如"反应堆物理"。"反应堆物理"课程单元中包含的分解培训目标仍然存在于对应任务中，所以需要在对该任务培训前进行"反应堆物理"(基础知识类)的培训。

(5) 对于某些任务中包含有同一领域的知识类、技能类分解目标以及管理要求类分解目标，由于这类分解目标相对比较独立，可以成为一门特定课程，如"辐射防护"。需要说明的是：该项分解培训目标仍然存在于对应任务中，而且也需要提前培训。

(6) 对于某些任务中包含的分解目标是管理要求或行为规范，虽然这些管理要求或行为规范各不相同，但属于同一类别的分解培训目标，也可以汇总成一门课程，如"××人员行为规范"。需要说明的是：该项分解培训目标仍然存在于对应任务中，而且也需要提前培训。

3.11.3　确定培训途径和要求

培训途径包括：

- 由于岗位的关联性，达到该岗位要求需要进行的相关培训
- 培训课程之间的先后次序

培训要求包括：

- 各阶段的学员初始水平要求

- 考核方式等

3.11.4 编制培训大纲

培训大纲即为课程清单、培训途径和要求的总合。

3.11.5 设计阶段需考虑的关键事项

最后需要说明的是在设计活动中应该考虑的关键事项，包括：

- 培训方式的选择需考虑教学、资源和后勤方面的制约条件
- 利用培训目标明确培训内容和需要达到的绩效标准
- 培训目标要明确可观察与可衡量的学员行动/行为
- 测试项目应与培训目标相匹配
- 培训目标应与预期的学员入门级技能和知识相符
- 应将培训目标排序，以便帮助学员从一个技能或知识水平过渡到向另一个技能或知识水平
- 设计培训前测试，确定学员的入门资格，并确定是否需要补充培训和免修/跳级
- 设计培训中测试，考核学员的表现，并确定是否需要更多辅导
- 设计最终测试，考核学员是否圆满完成培训
- 建立评价学员考试表现的标准
- 培训项目规划要规定组织、人员、资源和设施要求

复习思考题

1. 为以下任意一项内容编写培训目标：

- 冲1杯咖啡
- 使用某种防晒霜
- 实施一个培训项目

将信息写在翻转挂图上，在课堂上陈述培训目标。

时间：10分钟准备。

学员应在制定的目标中明确行动事项、条件和标准。

2. 准备并介绍测试项目的题型。

每个小组都要在课堂上进行介绍，具体包括以下内容：

题型描述和举例；

每种题型的利弊。

小组1 是非题、搭配题和选择题

小组2 简答题和论述题

时间：40分钟准备，20分钟陈述。

回答：请参考下表

题型	要　点	优　点	缺　点
是非题	先陈述，后判断对错 每道题不是对的就是错的 以肯定的方式陈述内容 确保学员理解其他衍生形式	出题容易 评分客观 评分快捷 可以机器打分 可靠 易于理解	成功猜测率高 不适用于高层次认知水平 不适用于复杂的培训目标 不适合知识回想
搭配题	题干、回答项和答题方法很清楚 题干列和答案列较短 使用单个词语或短语 答案项大约比题干多3个 所有的内容排版在同一页面上	出题容易 评分客观 评分快捷 可以机器打分 可靠 易于理解	鼓励猜答案 不适用于高层次认知水平 不适合知识回想 会无意中提供线索
选择题	题干： 完整的问句或不完整的陈述句 与干扰项连接时具有语法意义 用词清楚简洁 避免使用否定形式 避免使用数量词 选项： 语言简单清楚 长度一致 似是而非 所涉及的知识范围应相对狭窄 避免否定形式 避免重复 符合预期的学员知识水平	评分客观 评分快捷 可以机器打分 可靠 易于理解	鼓励猜答案 不适合知识回想
简答题	措词清晰，提出一个中心问题 答题要求明确 避免使用“如何”和“为什么” 勿使用可以用对/错、是/非等回答的问题	出题容易 评分客观 评分相对较快 成功猜测率最低 可靠	不适合复杂的培训目标
论述题	只有在必要时才使用 提供充足的答题时间 问题的定义须清晰、准确全面 界定问题的范围，避免开放式的问题 提供充足的答题时间 提供详细的评分说明	成功猜测率最低 提供自我表达的机会	评分者需具备有关课题的深层次知识 评分带有主观色彩 过于强调书面交流能力
岗位培训评价	所有的信息都来自任务分析 每一操作步骤都有可观察且可衡量的标准 考核的内容强调的是操作而不是知识 试图重建岗位工作环境	岗位培训评价表的所有信息都是从任务分析时收集的 模拟实际的工作环境 对所要求的任务进行视觉上的展示 可靠性	需要大量的人力开发和管理 模拟工作环境的费用会受到限制

3. 是非题:岗位培训评价用于考核员工对特定工作任务的熟练程度。

答:对。

4. 是非题:培训目标是按等级排列的。

答:错。

5. 列出3个学习分类体系。

答:认知领域、技能活动领域、情感领域。

6. 用3种不同颜色的荧光笔标识下列目标的行动、条件和标准:

答:用Fluke 6300式数字电压计(条件)测量电源电压(行动),误差范围为3%(标准)。

在STANDARD主控室(条件)确定、阅读和记录所有关键安全参数的指示值(行动),精度为仪表量程的0.5%(标准)。

在模拟机考试期间(条件),使主控人员的响应(行动)达到令主考者满意的程度(标准)。

7. 列出培训目标中的3个基本要素,并举例说明:

答:条件、行动、标准。

8. 找出以下培训目标中的错误,在必要的位置添加信息,重新改写为正确的培训目标。

此课程将培训学员提高写作能力。

答:未确定具体的条件和标准。本课程将培训学员在正常的工作环境下(条件),编写(行动)语法正确、清楚、并简洁的(标准)运行指令(行动的对象)。

当操纵员发出请求时,打开仪表压空联动阀。

答:未确定具体的标准。当操纵员发出请求时(条件),在五分钟之内(标准),完全(标准)打开(行动)正确的仪表压空联动阀。

在课程结束时,学员将了解遵守操作规定和原则的重要性。

答:无法观察到行动的内容,且未明确具体的标准。当被询问时(条件),学员要回答出(行动)不遵守操作规定和原则可能带来的后果(标准)。

此课程将提高学员对工作环境中干扰因素的认识。

答:无法观察到行动的内容,且未明确具体的标准。在本课程结束时(条件),观看员工工作的录像带(条件),且能够找出(行动)环境中的干扰因素(标准)。

第四章　开发阶段

4.1 简　介

设计阶段已为培训项目的开发、实施及评估建立了规范。在开发阶段，这些规范将被用于开发培训项目和培训材料。培训材料的作用是在培训期间为培训教员和学员提供指导。应组织好开发阶段的工作，以便增强培训效果和效率。开发阶段导入/导出信息见图 4-1-1。

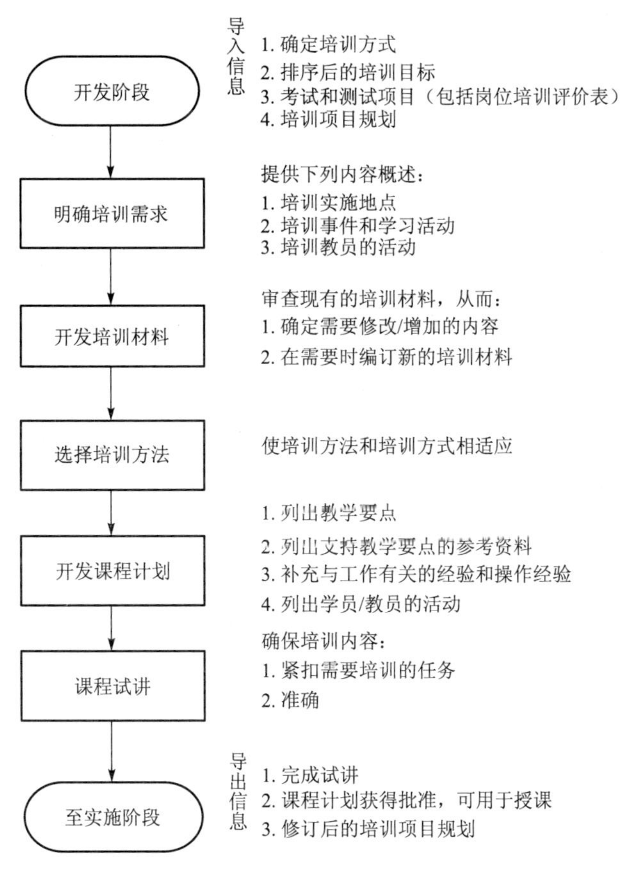

图 4-1-1　开发阶段导入/导出信息流程图

开发活动应该按照指定的顺序依次进行，其起点由现有培训项目的状态决定。但有些活动可以并行开展，如培训材料的开发和培训方法的选定等。

主要有五类开发活动：

- 明确学习活动
- 开发培训材料
- 选定培训方法

- 开发课程计划
- 实施培训项目的试讲

4.2 定　义

开发(Development):是SAT的第三个阶段,该阶段用于确定学习活动、选择培训媒介和方式,开发培训材料,以及指导教员与学员。

课程计划(Lesson Plan):课程计划用以勾画出教员和学员活动的一个详细计划,明确培训目标、考核项目,以及为实施该计划所要用到的培训设备材料,如培训教材、讲义PPT等。

岗位培训(On-the-Job-Training,OJT):是由指定的该岗位已授权的合格人员(教员)在实际或全仿真模拟工作环境中对工作人员(学员)实施培训和评价的一种正式培训。培训活动通常由合格的教员或评价员在工作地点或模拟体、车间实验室开展。

试讲(Trial Delivery):试讲课程,主要用于测试课程计划、培训材料以及授课是否准确。参加试讲的人员代表目标学员人群和他们的主管,对试讲进行评价,并就课程准确性提供意见反馈。

培训手册(Training Manual):又称学员手册,是课程计划的补充,它包括学员需要实现培训目标的相关信息。当学员们在上课时,需要使用到培训手册,同时也用它来自学和准备考试。

培训方法(Training Method):教员应根据培训目标和方式为课程选择适当的培训方法。培训方法就是与学员交流材料的方法。培训方法包括讲座、展示课/实践课、讨论/提高、口头提问、角色模仿、排练、自学等。

培训材料(Training Material):是任何支持培训所需的材料,包括培训方法、课程计划、培训教材、学员手册、PPT介绍材料、音像材料、培训媒介等。其中课程计划的重要性尤为突出。

4.3 成人学习理论介绍

本模块开始前,请先回答一个问题:假设要选修一项如何为成人授课的课程,下列哪项课程最有吸引力?

表4-3-1　成人培训课程描述

成人培训研讨班	成人培训研讨会
如果想成为一名成人培训者,这正是一个尝试的好机会。带上自己最喜爱的科目材料,与我们一起进行为期一天的相互指导。每个人都会为其他人的授课进行点评。本研讨班将由一位经验丰富的专业教员组织实施	五位拥有不同背景的杰出教育工作者将在圆桌讨论会上对成人培训的状况表达各自的感想。这些教育工作者分别来自:学术界、环保部门、一个主要政党和卫生部。来参加到我们这个富于想象力的论辩课程吧
为成人提供培训	成人学习理论
由一位成人培训理论专家主讲,本课程将为提供开展成人培训的八项基本原则。本课程还可以让学员讲一堂简短的课,提供一个实践所学内容的机会	自我指导课程可提供访问我们图书馆的途径,便于学员查看各类成人学习理论图书和期刊。在顾问的指导下,学员将探索成人学习理论中最吸引自己的领域

每个人有会根据自己的学习特点和风格进行不同的选择，因此了解成人学习理论是开发阶段的一个重要前提。这是因为开发过程的第一步就是确定培训目标的讲授顺序并将相关的目标归入一个"学习活动"或"教学活动"。要成功地让学员接受并完成这些培训目标，就必须要了解成人的学习方式。有许多人通过自省（审视自己的想法和感觉）和观察，掌握了一部分直观的知识。经常参加关于成人学习的正规培训并阅读相关的日常读物将有助于增加该类知识。下列讨论介绍了一些成人学习的要素：

- 想象自己正在学习
- 感觉自己置身何处
- 感觉自己在做什么

大多数人想象自己坐在教室里，正在听老师讲课。这可能接受教育的主要方式，也是效果最差的培训方式之一。教员通常会按照他们最熟悉的培训方式开展培训，那么进入学员脑中的就将是那些枯燥无味的东西。如果让我们回想学校生活，我们印象最深刻的应该是裁剪、绘画、游戏、讲故事、设计、课外作业以及外出游玩等，而这些就是最有效的学习方式。

成人学习方式同学校教育有着很大的区别，很多学者对成人学习理论进行研究，比较知名的理论有：Malcolm Knowles 理论、Robert Pike 的成年学员激励观点、Bill Lowthert 的八条学习法则、David Kolb 的四种学习风格、经验设计模式。

4.3.1　Malcolm Knowles 与成人学员

Malcolm Knowles 是最早认识到成人教育不同于儿童教育的学者之一。成人了解自己的能力和经验。为了更高效地学习，他们必须参与到学习过程之中。成人需要真实而有实质意义的问题和示例、多种多样的学习方法、学习进度控制以及考核。他们还需要可信赖的、热情充沛的教员，这些教员应尊重参训学员的知识和生活阅历。

在成人及其学习特征方面有许多公认的结论：①

- 参加学习或培训项目的成人有很高的学习主动性。他们欣赏结构严谨、要求（目标）明确的培训项目
- 成人想了解所学内容对他们有何种好处。他们希望学习材料与实际工作有关，且能够快速地把握住学习内容的实际效用
- 对成人来说，时间是最重要的考虑因素。他们希望能按时上下课，不喜欢浪费时间
- 成人尊敬学科知识渊博且善于表达的教员，能很快感觉到教员备课是否充分
- 成人会把自己丰富的生活和工作经验带到课堂上。应将这些经验作为一种重要资源，与所学的课程很好地联系起来，对其加以有效利用
- 大部分成年人都能自我管理且非常独立。然而，有些成人缺乏自信从而需要增强信心。他们更愿意教员发挥引导和辅助式的促进作用，而不是充当专制的指挥者
- 成人希望参与决策。他们希望同教员合作，共同评估学习需要和目标、选择学习活动以及决定学习考核的方式
- 比起年轻的学生，成人的灵活性可能相对不高。他们的习惯和行为方式都已形成惯

---

① Kemp, Jerrold E. et. al.. (1994 年) Designing Effective Instruction (Pages 47-48) New York, Maxwell MacMillan International.

例。他们不喜欢陷入麻烦之中。在接受异于往常的做事方法前,他们会希望了解这样做能带来何种好处

• 成人喜欢以小组形式合作并开展社会交往。课间休息时的小组活动和交流氛围对他们非常重要

4.3.2 Robert Pike 的成年学员激励观点

Robert W. Pike 制定了下列措施来激励成年学员:①

• 成人喜欢看到长远的构想。告诉他们从长期来看他们及其公司将如何从培训中获益,为接受培训的学员树立共同需要

• 认识到个人的需要,培训学员都有自己的内在需要。受训学员希望从课程中学到什么?他们愿意为此做些什么?认识这些需要并尝试予以满足,可以让培训学员产生为自己而学习的责任感

• 大多数人希望能将学到的知识和技能付诸实际应用。开发在实际生活中用得到的培训

• 成人喜欢将事情置于可控状态。在课程范围内给他们可选择的活动,制定灵活的且能适应其需要的课程

• 创建并保持兴趣。达到此目的的方法包括:提问题、采用多种学习材料和培训方法、布置需完成的作业任务

• 培养自我竞争的意识。为培训学员提供机会,考查学员已学到的知识并让学员意识到自己是如何取得进步的

• 为培训学员提供机会,使他们能够聚会交谈、分享彼此经验及对培训的感受

4.3.3 Bill Lowthert 的八条学习法则

Bill Lowthert(宾夕法尼亚州电力公司原子能培训机构的培训经理)总结了开发培训时应该记住的八条学习法则,见表 4-3-2。

表 4-3-2 八条学习法则

规模法则	学习应该按单元进行,单元要足够小从而易于理解消化,但也要足够大以保持其趣味性
强度法则	生动、刺激、有活力并且令人愉快的经历比乏味不快的经历更难忘
参与法则	人类是通过实践开展学习的。必须使学员积极地参与到学习中
练习法则	重复一项行为的次数越多,复习一条信息的密度越高,它们就会越快越持久地成为习惯动作或难以遗忘的信息
弃用法则	不练习某项技能或者不复习某条信息,将会导致难以记住它们或彻底忘记
放松法则	人们在放松状态下,知识学习地更快,记忆也更持久。减少压力可以提高学习效果和记忆力
意愿法则	人们渴望学习时,人就学得容易。相反,如果对所学课题没兴趣,人们就会学得很艰难
影响法则	对于给自己带来满足感的事情人们通常学得很快。这也称为乐趣法则

---

① Pike, Robert W. (1989) Creative Training Techniques Handbook (Pages 29-32). Minneapolis, MN: Lakewood Books.

“原子能管理委员会 NRC(加拿大原子能安全委员会)的规定中,或国家原子能培训研究院的规则中,都没说过学习不可以有乐趣。”①

Lowthert 的法则适用于所有人。但是,每个人的学习方式千差万别,所以开发学习活动时,教员需加以注意并逐渐适应。

4.3.4　David Kolb 的四种学习风格

根据 David Kolb 的理论,人们对具体体验和抽象概括、思考观察和能动实验等抱有不同程度的偏好。以此理论为基础形成了四种不同的学习风格见图 4-3-1。

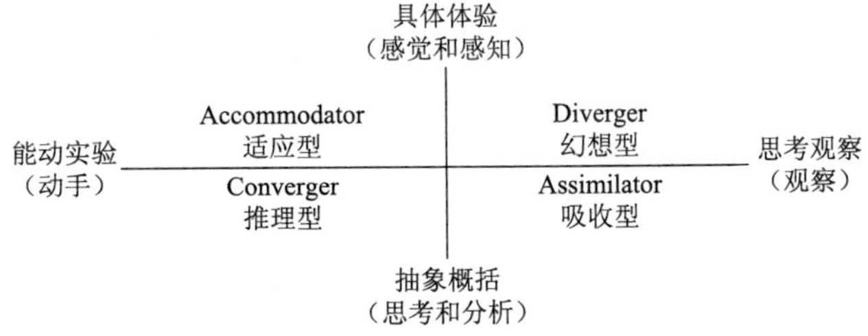

图 4-3-1　依据人的偏好形成的学习风格

表 4-3-3 对四种学习风格进行了更详细的说明,可以为确定适合自己的学习风格提供一点参考。

表 4-3-3　Kolb 的四种学习风格

适应型	幻想型	推理型	吸收型
通过积极实践学习 希望体验新的经历 勇于承担风险 凭直觉解决问题 如果理论与经验不符,则舍弃理论	通过综合众多的看法进行学习 想象力丰富 较为情绪化 兴趣广泛 喜好自由讨论	通过演绎推理学习 希望把想法付诸运用 偏爱单一正确的答案	通过归纳推理学习 创建自己的理论模式 偏爱抽象的理论甚于实际应用

(本模块开始时叙述的四个过程与本节所述的四种风格相对应。可以考虑一下自己属于哪种风格。)不同的人偏好不同的学习风格。有效的培训课程应能适应偏好各种学习风格的人。

Kolb 在说明人们如何学习时提出了两个基本假设。②

假设一:人们在通过书本学习的同时,也时时刻刻通过经验学习。

经验式学习提供了一种完全不同的学习方式——其范围比传统教学活动或课堂教学活动要广泛的多。从根本上来说,此理论的本质是:我们的学习直接来自于每时每刻的经验,

① Lowthert III, William H. (1991). Creative Learning. Paper presented at the Training Manager's Workshop of the National Academy for Nuclear Training(全国原子能培训学会培训经理研讨班提交的论文), April 13－15, 1992, Atlanta, GA. Lowthert III, William H.

② Smith, Donna M. and Kolb, David A., Learning Style Inventory User's Guide (Page 11). Boston, Mass., McBer and Company.

而且这种学习可在所有的人类活动场景中发生——从学校至车间、从研究室至管理层会议室。学习是我们用来适应和面对我们所处世界的方法；学习可以使我们时刻都很充实——从少年到青年，从中年到老年。

假设二：人们学习风格各不相同；也就是说，需视其喜好的学习风格而定。

经验式学习的第二个主要原则是：虽然我们时刻都在学习，但是我们的学习风格不尽相同。由于各自有着独特的经历，我们每个人都会形成自己喜欢的学习风格。这些学习风格只是我们在学习和吸收新信息时比较喜欢的学习风格。我们的学习风格还会影响我们解决问题、作出决定、形成或改变自己态度和行为时采用的方式。在很大程度上，它还决定了我们最适合的职业；而且，或许对于培训教员和教师来说最有意义的是，它还决定了：对各种类型的学员而言，何种类型的学习经验最有效、最适合、最有利于促进其成长。

4.3.5 经验设计模式

经验式学习是成人的学习原则，它说明了成人能够管理自己的学习并且许多人也期望如此。因此，他们更青睐那些老师参与度低而学生控制度高的教学策略。经验式策略能满足该要求。这些策略可通过经历和思考促进知识、技能和态度的获得。它们可让学员以个人和集体的方式参与到模拟情形或真实世界的实践经验学习中。它们要求实践和思考，因而对过程的关注远甚于结果。虽然在短剧表演、角色扮演、模式构建以及学习/工作规划中，它们几乎都表现为自我学习，但在示范和现场参观时，它们也具有教师教学的特点。

Kolb的四种学习方式同学习的“经验设计模式”相类似。该理论提出：在学习过程中，人们将依次体验上述四种学习方式：

- 获取经验(幻想型)
- 对其所看到和感受到事物作出反应(吸收型)
- 从观察结果中归纳出规则(推理型)
- 把规则应用到新情境中(适应型)

教员对所有四种学习方式都应该充分了解，以便确定学员偏好的学习方式。这样教员就可以利用其来平衡课程设计(如：确定首选的学习方式等)。而学员了解自己偏好的学习方式有助于将自己的关注点多集中在需要改善的方面，比如：如果自己的偏好是幻想型，那就应该将主要精力放在如何采用实践方法和关注实际工作上，而非仅仅观察某个情境上。

有效的培训过程应遵循经验设计模式的周期，并包括下列九项培训事件(我们称之为九阶段模型)：

- 吸引并维持学员的注意和动力
- 告知学员培训目标
- 启发学员回顾必备知识
- 介绍培训材料
- 提供学习指导
- 引导学员掌握培训目标
- 提供绩效反馈

- 评估学员的表现
- 加强培训内容的记忆和消化

一部分教员不认可第一点内容。他们认为成人应该能够自我激励。如果他们不想学习,他们不应该参加此课程的培训。在有些行业,一个班的学员会有不同的学习动机。其中,许多动机都不利于学习和记忆。例如,培训学员参加培训课程可能是因为:

- 这比工作轻松
- 身体状况不允许其工作
- 他们的老板希望其提高绩效
- 此课程获得晋升的必要条件
- 每个人都必须参加该课程学习

只有学员确信该项培训值得参加,才能更好地提高学员参与的积极性并取得良好的学习效果。同时也会令教员的工作相对轻松一些。

最新的研究结果表明:成人能够按规划组织其学习;他们希望达成具体目标。

绩效导向型培训目标是从任务清单发展而来。任务清单描述了人员需在工作中完成的事情。绩效导向型培训目标有助于成人确定通过培训他们可取得的成果,并激励他们学习。

无论目标为何,学员都会在学习过程中经历从入门到熟练掌握的九个阶段。各个事件的目标则用于确定教员和学员在特定学习阶段中的学习活动是否适当。

这九个培训事件是确定教员和学员活动的一项策略。我们发现有很多具有相同效果的策略可供使用。

以下内容反映了根据特定目标确定所需学习活动(即:教员和学员在培训过程中的活动)的过程:

- 确认培训事件(九阶段模型)
- 把目标分为技能类和知识类
- 为该培训事件确定合适的技能和知识培养准则
- 利用培养准则分析有关目标
- 按照培养准则制定学习活动,反映出培训目标的独特之处

以下两个例子详细说明了培训事件、学习活动和培养准则之间的关系。①

例一 课堂教学中的培训事件目标和学习活动

培训事件	学 习 活 动
吸引注意力	拿出两个看起来几乎相同的计量表,询问学员:"它们有什么不同?"
陈述目标	展示一幅主控室内蒸汽发生器读数表的画面,准确无误地找出主给水流量和蒸汽发生器水位的读数位置
回想预备知识	回忆主控室中蒸汽发生器读数表的实际位置
介绍培训材料	解释给水流量和蒸汽发生器水位读数的确切位置
提供指导	解释某个特定蒸汽发生器回路上的常用指示表周围的彩色编码条

① 改自 Principles of TSD (1985) INPO 85-006 Supplement.

续表

培训事件	学　习　活　动
启发操作	要求学员在未标示蒸汽发生器读数位置的幻灯片上指出读数位置
提供反馈	展示标出了给水流量和水位读数位置的幻灯片
评估表现	利用蒸汽发生器读书表的挂图进行比试
加强巩固	在计算宽量程和窄量程水位时，检查蒸汽发生器的流量和水位读数

例二　技能培训(模拟机培训)环境下的培训事件目标和学习活动

培训事件	学　习　活　动
吸引注意力	说明许多涉及反应堆停堆的 SCR 是由于在瞬态时操纵员未能通过手动控制给水来保持蒸汽发生器水位而引起的
陈述目标	假定已有主给水系统的运行规程，反应堆功率运行，给水系统、凝结水系统、仪表空气系统正常运行，给水调节阀电源接通，且给水调节阀设为手动模式，将蒸汽发生器调至规定水位，误差范围±5%
回想预备知识	复习给水和蒸汽发生器的控制器和读数表的位置。复习主控室中主给水系统运行规程的所在位置。复习给水控制系统的操作
介绍培训材料	利用模拟机和主给水系统运行规程演示正确的蒸汽发生器水位手动控制的操作方法，条件如下：反应堆功率运行，给水系统、凝结水系统以及仪表压空系统在运行中，给水调节阀电源可用
提供指导	说明可能发生的会导致反应堆停堆的水位控制问题(例如，收缩、膨胀以及读数问题等)
启发学员的操作	学员在各种蒸汽流量条件下，在预定范围内手动控制蒸汽发生器水位
提供反馈	检查学员操作。要求学员查找问题并讨论潜在解决方案
评估学员的表现	设定模拟机以便模拟汽轮机的启动。要求每个学员手动控制蒸汽发生器水位，误差不得超过预定水位的±5%，直至蒸汽发生器正常联机。需要时重新设置
加强巩固	讨论给水控制系统的故障，复习应如何手动保持蒸汽发生器水位

例一(续)　知识类学习的培训事件开发准则

培　训　事　件	知识类学习的规划准则
吸引和维持学员的注意力，并激励学员	引起学员的内在兴趣
	将教学与学员及培训大纲的近、长期目标结合起来
	为时间较长的培训课程更换授课媒介并调整原定休息间隔
	赋予教员充分的灵活性以便在出现未曾预见的教学时，实施调整
告知学员其培训目标	用清晰简练的语言陈述培训目标
	将培训目标的价值和实际岗位绩效联系起来
	阐释目标以及目标与熟练掌握任务的关系
	用多种方式描述培训目标，这既是为了强调，也是为了澄清所有误解

续表

培 训 事 件	知识类学习的规划准则
启发回忆预备知识	鼓励回想与新知识、概念或规则有关的信息
介绍培训材料	使用合适的授课媒介对信息、概念或规则进行实物演示
	以意义明确的语句和符合逻辑的顺序阐述新知识
	介绍有关概念或规则的适用和不适用情况
	举例并定期复习或总结
	强调需要学员在多变的工作条件下应采取的措施和作出的反应
提供学习指导	提供有助于巩固已学知识、概念或者规则的工作环境
	为学员提供在多种新情境中能够应用学得的概念或规则的机会
引导学员掌握培训目标	要求学员叙述或者写出有关知识、概念或者规则
	要求学员在一个不熟悉的情境中，应用有关规则或概念
	监控学员的学习进度
提供绩效反馈	为学员指出：在陈述知识、概念或规则时犯了哪些错误，遗漏了哪些部分
	为学员指出：在不熟悉的情境中应用有关规则或概念时犯了哪些错误
	在培训初期应及时地肯定培训成绩和奖励；在培训末期可比照真实工作环境下的做法和奖励
评估学员的表现	要求学员重新叙述此知识、规则或者概念 要求学员创造一个情境，并将此规则或者概念应用到其中
加强培训内容的记忆和消化	提供时间重复和温习知识、规则或者概念 提供将规则或概念应用到多种工作情境中的机会

例二（续） 技能培训（模拟机培训）环境下的培训事件目标和学习活动

培 训 事 件	知识规划准则
吸引和保持学员的注意力，并激励学员	引起学员的内在兴趣
	将教学与学员及培训大纲的近、长期目标联系起来
	为时间较长的课程变换授课媒介并调整原定休息间隔
	赋予教员充分的灵活性以便进行未曾预见的教学时实施调整
告知学员培训目标	用清晰简练的语言叙述培训目标
	用多种方式描述培训目标，这既是为了强调，也是为了澄清所有误解
	阐释目标以及目标与熟练掌握任务的关系
	将培训目标的价值和岗位绩效联系起来
启发回忆预备知识	鼓励回忆以前学过的知识
介绍培训材料	使用合适的授课媒介对具体技能进行实际演示
	讲解各技能事件及其相互之间的时间规定和先后顺序，并将这些事件分解成几项便于管理的步骤
	确保执行操作所需的线索是真实且可用的，并将重点放在学员必须采取的措施和作出的反应上
	强调需要学员在多变的工作条件下采取的措施和作出的反应

续表

培 训 事 件	知识规划准则
提供学习指导	明确每个技能步骤、其操作要求以及与整个技能事件的关系
引导学员掌握培训目标	要求学员完成部分或者整个技能事件 监控学员的学习进展
提供绩效反馈	在培训初期及时而经常地通报学员的成绩和奖励，而培训后期只偶尔通报
评估学员的表现	要求学员根据操作标准执行技能事件
加强培训内容的记忆和消化	对不经常使用的技能进行定期训练

4.4 开发培训资料

在培训活动开始前应确定期望学员具备的入门级技能和知识，并且制定培训目标、培训计划和学习活动等。这些信息将被用于评估和更新现有的课程资料，并为培训项目制定新资料。

培训资料应为培训目标提供支持，并要与岗位工作相关。此类资料应该与学习活动保持一致，并应与培训适宜度和培训效果相称。培训资料指的是培训设备、视听媒介以及各种培训材料印刷资料。例如：模拟体、模拟机、幻灯片（PPT）、程序、课程计划及培训教材等。

确定培训资料时应遵循下列步骤：

- 详细说明视听媒介的使用
- 审核现有的资料并从中选择适用的部分
- 修改现有的资料
- 编写新资料

4.4.1 视听媒体的使用

视听媒介的应用为讲解课程信息提供了一种有效方式。许多培训课程都与工厂设备的操作程序有关，而其他的则由教员向学员讲授。尽管培训经常采用上述某种方式，但是在讲授课程材料时使用视听媒介有利于保持学员的学习兴趣和动力，并可提高培训效率。

可应用的媒介包括模拟装置、计算机辅助教学、胶片/录像带、有声和无声幻灯片、录音带以及幻灯胶片。各类媒介的应用需根据选定的培训方式及相关学习活动的视听特点决定。

在设计阶段，已按照最有效的学习环境选定了培训方式（例如，教室、实验室/车间、正式岗位培训、模拟机培训以及自学等）。继而应该根据确定的培训方式选择视听媒介，因为有些媒介对某些培训方式特别有效，但对其他方式则可能没有任何效果。

学习活动的特点可能暗示：具备一定视听功能的媒介在向学员展示或者传递其希望获得的信息方面更加有效。这些视听媒介的特点以及适用范围见下表：

表 4-4-1　视听媒介的展示方式及特点

展示方式	特点及适用范围
形象	含有图像或者字母数字特点的学习活动，最适合将这些特点通过可视手段呈现
直观运动	运动部分最适于通过演示手段进行学习
确切尺寸	要求了解一个物体的确切形状和尺寸的学习活动最适于通过展示该物体的方式学习
声音	具有声音特点的学习活动最适于通过展示其音效特点的方式学习

对每项学习活动的分析过程可以确定上述哪些特点应在媒介的视听性能中得到体现。以上四种特点不是孤立的，为了有效地显示和传授信息，可能需要对上述特点(例如，视觉—听觉等)加以组合。

对于根据培训方式和学习活动特点选定的媒介，应评估其使用成本及对培训项目的实用性。

表 4-4-2 和表 4-4-3 列出了常用的媒介清单。有关授课技能培训的课程中会更多地论述与视听媒体有关的信息。

表 4-4-2　演示媒体之对比

	投影仪	印刷品	手绘挂图	热印挂图	培训用书
实现哪个领域的目标	认知、情感领域	认知、情感领域	认知、情感领域	认知、情感领域	认知、情感领域
适合的小组规模	大型或者小型	大型或者小型	中小型	中小型	大型或者小型
学员能否主动参与	否	可能	否	否	可能
学员能否控制学习步调	否	是	否	否	是
颜色是否重要	否	否	否	否	否
是否易于修订	否	是	是	否	否
可否重复使用	是	否	是	是	是

提示：可视教具的经验法则：

- 编写引言和总结页
- 每分钟展示一张可视图像
- 每张可视图片展示一个观点
- 突出要点
- 每张可视图片的文字应少于 6 行
- 每行应少于 6 个词语

表 4-4-3　演示媒体之对比

	直线图	照片或幻灯片	录像	录音带	局部模拟机	主控室模拟机	计算机培训
适用于哪些领域的目标	认知、情感领域	认知、情感领域	认知、情感领域，技能活动	认知、情感领域	认知领域、技能活动	认知领域，技能活动	认知领域，情感领域
适合的小组规模	小型	照片：小型；幻灯片：小型至大型	小型至中型	小型至中型	小型	小型	小型

续表

	直线图	照片或幻灯片	录像	录音带	局部模拟机	主控室模拟机	计算机培训
学员可否主动参与	否	否	否	否	是	是	是
学员是否能控制学习步调	否	否	否	否	是	是	是
颜色是否重要	否	否	否	不适用	不适用	不适用	否
是否易于修订	否	否	否	否	否	否	否
可否重复使用	是	是	是	是	是	是	是

4.4.2 审查和分析现有的资料

编写有效的培训资料既费钱又耗时，而且需要很高的创造力。基于这些原因，在投入大量资源编制新资料之前，应该先考虑现有资料的有效性。采用或修改现有资料可大量节省培训成本。

现有培训资料的主要来源是电厂现有的培训项目以及过去的培训项目曾用过的资料。也可以调查其他设计相似的电厂所使用的资料。

应收集和审核现有的课程资料，以便确定其是否满足培训项目的全部或部分需求。审核和选择的过程包括：评估将使用的课程资料，确定这些资料是否符合学员的入门级技能和知识水平、培训目标及培训项目规划的要求。审核和选择的目的是为了确定现有资料是否可以直接使用或需要先作修改再使用。可参阅表 4-4-4 审查现有的培训资料。

对现有的课程资料进行审查和分析，可以确定要删除的、无需修改即可使用的以及需要修改的资料。应将无需修改即适用的资料纳入开发过程并进行试讲。需要修改的资料应按下面的方法修订。

表 4-4-4　审查现有的培训资料

标准的类别	标准的阐释	标准的应用
与期望学员达到的入门级技能和知识相配	资料是否根据学员的技能和知识水平而制定？	确定材料的内容是否与预期的学员入门级技能和知识有关联，包括培训材料的阅读难度是否适当
	资料的编写和表达是否清晰明确，保证学员完成要求的学习活动？	确定培训学员能否使用该培训材料，并完成学习活动
培训目标的涵盖程度	培训材料能否体现将要进行的培训项目的目标？	评估该材料，将目标与待定大纲对比，确定有哪些目标未能适当涵盖
	材料是否与培训项目的其他材料或培训目标相一致？	分析几套培训材料，以便确定他们是否具有支持性、能否有效地推动学习进展
与学习活动一致	材料是否与将要进行的培训项目的学习活动相一致？	通过与将要进行的学习活动相对比，对培训材料进行分析。找出不足之处
与培训项目规划相符合	培训资料能否按培训项目规划的规定适用于特定的培训环境？	确定此材料能否应用于规定了可用设备、培训时间、空间以及学员数目的特定培训环境

4.4.3　修改现有的资料

修改现有的培训资料可最大限度地减少开发时间并节约资源。如果现有的资料不完整或者需作少量修订，应考虑对其进行修改。修改应包括下列内容：

- 为满足培训目标和学习活动的要求需要增加的信息
- 根据更新或变更的电厂系统、设备及/或程序作少量修改
- 对需要更新或变更的规章条例作少量修改
- 应行业运行和维护经验的需要而作的少量更新或修改
- 修改部分的风格和阅读难度应与现有资料保持一致

为保持修改部分和现有材料的连续性，可能有必要在两者之间加入一些过渡材料。

4.4.4　编写新资料

培训材料的内容应该一致且足以支持培训目标。培训资料应体现出学习活动，确保学员在培训过程中能以有组织的、高效的方式取得进步。

编订培训材料时应遵循很多旨在推动学习的准则。这些准则包括便于学员使用的格式要求。例如：应将能有效突出要点的图表、曲线图、表格以及其他图示放置在单独的页面上，并使之与材料中的相关信息相邻。

培训材料的阅读难度应该符合期望学员具备的入门技能和知识水平。材料的内容不应混淆、含糊不清或者过于啰唆。材料中应包括关键信息，不应让学员为了解关键信息而参阅其他文件。

按实际工作境况组织材料信息不失为一种有效方法。这种方式将描述工作方式，工作中将如何应用该信息以及为什么学习该信息对学员具有重要意义。

实践练习是促进学习重点或者复杂信息的另一种有效方法。实践练习将在培训环节结束时提供应用课程资料的机会。实践练习应以培训目标为基础，与测试相类似并允许学员犯错误。实践练习的反馈应清楚地说明学员出错的原因以及以后该如何避免其发生。

4.4.5　其他方法

在自行编写培训资料之外，还有其他替代方案：聘请外部咨询人员开发培训。他们可以从未完成的部分继续开发，可以保证原来的分析和设计成果不会浪费。

如果培训需求没有非常特殊之处，还可以购买已经开发好的培训课程。在绝大多数情况下，购买培训资料都要比自行开发节约成本，其质量一般都较高，并且许多课程能够根据具体需要定制。这又可以保证前期的分析和设计成果不会浪费。已经确定的培训目标将被用作评价标准，以评估培训产品是否能够满足要求。

4.5　选择培训方法

培训方法指的是用于推进学习过程的技巧或策略，应该为适于培训方式的学习活动选择合适的培训方法。选择培训方法的原则是：

- 讨论或口头提问可应用于各种培训方式

- 一般来说，讲座应该考虑在教室里举办
- 尽管示范课和实践课可以在教室里实施，但是通过岗位培训、现场培训与模拟机培训的方式将会获得更好的培训效果
- 在涉及团队培训的模拟机操练与训练过程中，角色的模仿/扮演显得特别有效
- 在模拟工作环境中演练可增强培训效果
- 自学或计算机辅助培训(CBT)对阅读能力好的人效果最好，但不适合于阅读能力差的人
- 案例研究，比起死记固定的答案来，可以促进学员思考和得出解决方法

各种培训方法的优缺点可参见表 4-5-1(以下培训方法的顺序与其重要性无关)。

表 4-5-1　培训方法

培训方法	说　　明	优势和劣势(表中“+”表示优势，“-”表示劣势)
小组讨论	由五至十个学员组成一个小组，就一项主题开展讨论，然后在较大的班级上汇报讨论结果	+• 可促使学员积极参与 +• 可保持趣味性 +• 在最短的时间内开展最大范围的讨论 -• 可能会跑题或由少数学员主导
案例研究法	在规定时间就某项决定提交书面陈述。供分析的案例应提供当时可用的所有文件和数据	+• 可促使学员积极参与 +• 可通过案卷模拟现实问题 +• 适用于较高层次的认知水平培训 -• 没有最佳答案，只有较理想的和错误的答案之分 -• 其设计需要时间和技巧 -• 最开始会让学员畏缩
计算机培训	—	+• 有利于学习和巩固 +• 可促使学员积极参与 +• 是有效的培训方法 -• 需要专门的软件和硬件 -• 其设计需要专门的知识和技能 -• 设计开发时间较长
会话交流	两位学员对一个主题作非正式的讨论	+• 可在非正式场所中提供信息 +• 可保持趣味性 +• 利于学员积极参与 -• 可能会跑题或者受某一名学员主导
辩论	两名发言人在主持人的指导下代表问题双方开展陈述。发言人可以是专家或者学员	+• 可表述两种不同观点 +• 可保持兴趣并阐明问题 -• 可能导致情绪化 -• 需要高水平的主持人协调分歧
演示/实践	一人在一位或几位学员面前示范解说一个过程	+• 可阐释技术和技能 +• 展现了过程的结果 -• 参与性有局限 -• 视野上有局限

续表

培训方法	说　　明	优势和劣势(表中"＋"表示优势,"－"表示劣势)
讨论	在教员或小组组长的指导下,学员之间进行交流,特别适用于课堂环境	＋• 分为小规模小组后效果更好 ＋• 可为学员提供观察、聆听和积极参与活动的机会 －• 可能造成强迫感和令人尴尬
展示	陈列展示	＋• 有效的可视展示方法 －• 参与程度有限 －• 仅运用了视觉吸引 －• 缺乏双向交流 －• 准备工作需要时间和人力
教学游戏	任何以训练而非娱乐为主要目的的游戏 通常与竞赛、冒险和计分有关	＋• 有利于学习和巩固 ＋• 可促使学员积极参与 ＋• 通过刺激和竞争增强学员的兴趣 ＋• 有机会在更广泛的背景下练习技能 ＋• 给出反馈意见 －• 成果可能变化不定 －• 需要较长时间完成 －• 其准备工作需要时间和技能
岗位绩效评价	演示和实践的组合	＋• 可促使学员积极参与 ＋• 可将理论转换为实践 ＋• 可阐释技术和技能 －• 参与程度有限 －• 需要时间以及特殊技能和设备
实验室实验	学员收集并分析数据	＋• 可将理论转换为实践 ＋• 可提供第一手的经验 ＋• 可促使学员积极参与 ＋• 通过实践展示结果 －• 需要时间、特殊技能和设备
演讲	一人有系统地为一组培训学员讲授知识	＋• 可在最短的时间内讲授最多的知识信息 ＋• 适用于有条不紊地说明复杂的观点 －• 没有参与性 －• 受教员个人魅力影响较大
讲授论坛	一人先讲解,然后向学员提问,以便确认学员的学习效果	＋• 可鼓励学员参与 －• 通常仅有少数几个学员会提问题
口头问答	教员向不同的学员(不总是那些自愿回答的人)提具体问题以加强互动并控制培训的节奏	＋• 允许教员和学员直接互动 ＋• 适用于所有的培训环境 ＋• 可反映学员对培训资料的理解情况 －• 可能会造成强迫感和尴尬
座谈小组	三人或更多人员在学员面前讨论一个问题,有一名主持人负责指导,之后开展小组讨论	＋• 可提供几种不同的观点 －• 要求发言人能力相当且主持人具备较高技巧

续表

培训方法	说　明	优势和劣势(表中"+"表示优势,"-"表示劣势)
项目	由个人或小组调查某一问题。以下为常见的问题解决要素: 定义问题 形成替代方案 收集数据 评估替代方案 选择解决方案 实施解决方案 评估解决方案的效果	+• 可促使学员积极参与 +• 可满足学员的特定需求 +• 可提供第一手经验 +• 可培养团队合作 -• 需要较长的时间完成
提问	由一人向每位学员提问以征求其回应	+• 可确保学员的学习需求得到满足 -• 可能会造成强迫感和尴尬
角色扮演	学员在真实的或者模拟的工作环境中担任一定角色	+• 可让学员了解他们在工作环境中扮演的角色及其重要性 +• 教员可从中观察学员的态度、信仰及个性品质 +• 对培养小组成员职能及团队协调反应能力极其有效 +• 在练习和训练中特别有效 -• 可能造成强迫感和尴尬 -• 难于组织 -• 难于控制
自我指导	由学员控制某些培训活动	+• 培训的节奏由学员控制 +• 可结合自学使用 +• 在补充培训中经常使用 -• 没有培训教员的协助,学员可能会浪费时间或者迷失方向
模拟	—	+• 允许学员犯错 +• 可促使学员积极参与 +• 展现了整个事件,并允许学员仅掌握其中一小部分 +• 可促进学习和巩固 -• 实施成本很高 -• 班级的规模有限制
专题讨论	三个或者多个持不同观点的人发表简短演讲,然后在主持人的指导下与学员问答互动	+• 可提出几种观点 -• 要求发言人能力相当且主持人具备较高技巧
巡检法	用于促进学员从在模拟环境下的练习过渡到在实际工作环境中的应用	+• 可让学员体验真实的工作环境 +• 强调了电厂的实际布置、空间关系、设备位置以及对受训员工工作表现的观察 +• 可将课程培训目标放在一个真实的工作情境中,能提高学员的动力,使他们能够积极参与 +• 可针对学员对学习活动的理解作采样分析 -• 可能使培训局限于讨论实际工作环境下的行动步骤

中国有句古话："不闻不若闻之，闻之不若见之，见之不若知之，知之不若行之，学至于行之而止矣"。这句话说明了不同的学习方法会产生不同的学习效果。现代实验研究结果也证明了这句古语，表 4-5-2 给出了通过不同的培训方法，学员能够掌握的知识比例。[①]

表 4-5-2　运用不同学习方法的吸收比例

方　法	吸收比例/%
阅读	10
聆听	20
观看	30
边听边看	50
表述	70
表述和执行	90

上述结果蕴含的道理非常简单：只要有可能，就要使用视觉辅助教学设备；要提出问题同培训学员进行交流；要分配大量的任务、练习和事情给学员去做。

4.6　开发课程计划

课程计划是比较重要的培训材料之一，一般分课堂培训课程计划、岗位培训课程计划、车间/实验室培训课程计划以及模拟机练习课程计划等。下面以岗位培训的课程计划开发为主，其他培训方式下的课程计划均可参照执行。

说明：学员手册是课程计划的补充材料，其目的是协助学员学习。与它支持的课程计划一样，一旦得到批准，它就成为培训控制文件。学员使用手册进行学习和准备考试。学员手册的内容可以包括对设备、部件、系统、技术和管理程序的描述以及插图，也可以包括图纸、图表、流程图、表格、检查清单等。

开发课程计划需要注意以下几点说明：

- 根据培训目标开发课程计划
- 课程计划是设计阶段编写的培训开发计划中课程概述的详细扩充
- 课程计划是基本的质量控制手段，可以保证对于不同的教员和不同的学员，授课内容和授课过程是一致的。因此，需要开发标准化的课程计划模板
- 课程计划是教员指导学习过程的主要工具
- 课程计划阐明培训所需要的培训目标、培训内容、学习活动、培训设备和培训材料，并提供使用指导

课程计划的详细程度可以根据实际情况决定，但是必须保证其基本信息的完整。至少应包括的信息有：

- 时间（包括课程的总体时间以及完成每个培训目标需要的时间）
- 培训目标或者参考资料
- 教员的活动（如教学内容、关键点、提问内容或是演示方法等）和使用的方法
- 培训辅助工具（例如，投影仪的数量、活动白板的数量以及录像名称等）

---

① 改自 R. Komikau & F. McElroy 著 Communications for the Safety Professional，1975

• 学生的活动(例如,聆听、回答问题、完成的任务数量等)

4.6.1 课程计划的基本结构

课程计划应包括下列部分:封面和文件控制页、概述页、培训目标页、陈述页。

下面以岗位课程计划为例,介绍各个部分的主要内容:

封面页,包括课程计划名称、编号、版本、编校审批人员姓名、岗位和签名;

版本说明页,包括目前版本的编制修订情况;

课程计划概要页,篇幅一般为 1～2 页。包括以下内容:

• 课程时间
• 培训方式
• 授课资料以及参考材料
• 培训工具和设备
• 课程简介部分
• 课程介绍部分
• 课程部分
• 学员入学水平要求
• 限制条件
• 对教员的指导建议

培训目标页,包括最终目标以及分解目标:

• 培训目标页应列出培训的最终目标和培训期间的所有分解目标。分解目标应按照逻辑顺序组织。首先是基本目标,较为复杂的目标建立在基本目标之上。对于岗位培训来说,分解目标包括知识背景或原理以及具体的操作步骤两部分。

注:培训明显适用于两个或两个以上工作岗位的培训目标时,应在培训目标页上标明适合的岗位。教员应针对不同岗位确定所需的培训目标,以节约资源。这样的做法减少了对同一目标和培训主题讲课时不同版本的需求。

培训内容陈述页,包括介绍、讲解、示范、监督下实践以及总结五个主要部分,各部分的具体内容有如下要求:

(1) 介绍部分

这部分内容包括开场白以及其他注意事项等。开场白内容包括教员的自我介绍、培训安排、培训目的、期待的结果、测试要求,还包括学员应掌握的最终目标和分解目标。其他方面的事项包括:

• 上课开始和结束时间,课间休息时间、课间休息地点、中午休息时间、卫生间地点、应急出口/应急行动、电话等
• 培训行为准则(纪律)
• 介绍培训材料及用途
• 审查工具、服装、设备和其他所需的物件
• 适当的安全说明和注意事项
• 对科目测试要求的解释

(2) 讲解部分

讲解部分是材料的主体部分。此部分的培训分解目标与前面培训目标页中知识背景部

分的培训分解目标一一对应，并要求一一列出。对于每一个分解目标，应按照培训九阶段模型来组织描述，应明确说明每个阶段的主题和用来涉及教学要点的培训方法，以保证学员达到培训目标的要求。九阶段模型具体在每一个分解培训目标中的表现是：主要内容、关键点、强调部分、注意事项、教学方式以及反馈学员掌握情况。还应在课程计划中提及用于课程计划的音频、视频材料和/或培训辅助手段(包括 Power Point 介绍、数据表格等)。

(3) 示范部分

适用于岗位培训、车间实验室以及模拟机培训。此部分的培训分解目标与前面培训目标页中操作步骤部分的培训分解目标一一对应，应明确说明每个阶段的主题和涉及教学要点的培训方法，以保证学员达到培训目标的要求。

(4) 监督下实践

适用于岗位培训、车间实验室以及模拟机培训。包括实践的内容、实践方式以及注意事项。

(5) 总结部分

- 总结所学过的知识
- 回顾最终目标(以及分解目标，如果可行的话)
- 讨论培训学员如何把学习的内容应用到实际的岗位工作中
- 解答遗留问题
- 评估培训学员的表现(即进行考试)
- 最后的总结。通常是告诉学员什么时候可以知道考试成绩，也可以说明一下所使用的培训文件和规程。许多教员会提供联系地址或者电话号码，以便在培训学员有疑问或遇到困难时可以联系到他们。同时为将来可能进行的培训提前做好准备也是非常有益的，这项将来的培训将会建立在对此课程的掌握基础上。

本材料提供一个岗位培训的课程计划的模板(附录九)，供教员开发时参考。

课堂培训的课程计划模板，可以参照此模板。区别在于陈述页的内容，课堂培训仅包括介绍部分、讲解部分、总结部分以及绩效测评，没有示范部分以及监督下实践部分。

提示：一些较长的课程计划应包括目录或者索引，以便快速地锁定特定的主题或内容在课程计划上的页码。

这些部分中应包括的内容将在 4.6.2 节具体说明。

4.6.2 课程计划中的提问

应该把向学员提问的问题编入到课程计划中，原因如下：

为了确保学员回忆起必须预先具备的知识。例如：

	教员的活动	学员的活动
提问	今天我们将要讨论培训的开发阶段。分析和设计阶段的哪些结果对开发阶段有帮助？	部分答案： 员工的需求 公司的需求 需要培训的任务 执行任务所需的知识和技能 岗位绩效考核 培训目标 测试项目 培训项目规划

为了给培训学员提供思考和归纳的机会。例如：

	教员的活动	学员的活动
提问	辩论是一种很少使用的培训方法。哪些方面的知识或技能你会使用这种方法培训？	可能的答案： 有说服力和影响力的 应对言语攻击的能力 语言类的和发展方面的 辩论技巧

为了确认已达到学习效果，教员需要不断地了解学员的反馈意见。

	教员的活动	学生的活动
提问	是哪四种原因促使你把提问的问题列入课程计划？	答案： 回忆以前所学的知识 思考和归纳 确认学习效果 与以后的学习相联系

把一个教学活动与另一个联系起来。例如，一旦教会了如何启动一台割草机，教员可能会总结操作割草机所需要的知识和技能，然后是执行割草这项任务。可以使用下列问题：

	教员的活动	学员的活动
提问	已经编写好了课程计划。你认为接下来应该做什么？	（与接下来的内容相联系） “试讲”，“验证”等

需要注意的是提问必须有充分的理由才能出现在课程计划中，因为对于大部分的科目，不停的提问是一种不适合且令人讨厌的教学方法。另外，每个问题都应该配有答案（当教员站在学员前面，仅仅问过一个简单的问题后大脑里便一片空白，那么他将非常感激课程计划中列出了问题的答案！）。最完美的做法是在答案后面附上参考，说明出自何处。

4.6.3 开展培训项目的试讲

试讲是对课程计划进行评价的最简单和最适用的方法，可以在正式授课之前对其进行改善和提高。课程试讲的听众通常包括：

- 有代表性的学员
- 分析阶段确定的培训负责人
- 将来要进行培训的教员
- 其他资深教员
- 其他培训管理人员

在试讲过程中，教员要在指定的时间里完成培训内容，同时还应控制培训中的讨论时间、学员提问环节等。培训管理人员将会记录时间、讨论的内容、脱离主题的情况、错误以及需要特别关注的其他任何事情。所有的听众通过观察，将会提交一份评价信息，为试讲提出中肯的意见和建议。

试讲还可以邀请一位技术专家或者让几位技术专家在试讲前对培训资料进行审查。

试讲主要有以下目的：

- 确认培训材料有效可用
- 验证培训材料的正确性(特别是时间安排)
- 确认培训材料在技术方面的准确性
- 评价培训的学习效果
- 获得学员对培训效果的评估
- 获得最终批准

试讲要注意以下几个细节：

主持试讲应按照会议的方式而不是培训的方式。制定一个议程表说明期望完成什么内容以及时间限制。一个典型的试讲包括以下：

- 为什么需要进行培训
- 开发的过程
- 如何评估培训的效果
- 试讲的议程安排
- 试讲的角色安排
- 课程的试讲(按照通常使用的方式进行)
- 试讲后的讨论

参加试讲的学员应该是有代表性的普通学员(不是专家)，因为只有真正的顾客才能代表其真实的需要。教员需要确保他们能够按照培训材料完成培训任务。确保每个参与试讲的学员都明确自己的角色，告知他们需要关注的地方。如果有学员脱离了其角色，教员应该要求角色扮演正确的其他人员对此发表他们的看法。

在这个讨论过程中，应该记录学员遇到的问题。这些问题可能会重复出现，所以预想这些问题或在培训材料中列出它们。如果能够设计专门用于试讲的评估表，将会更好地总结反馈意见，提高试讲的有效性，并对后续材料的修改提供更多的帮助。

培训管理人员需要将所有的意见和建议整理出来，且反馈给教员和其他相关人员。到此阶段培训相关人员都已经付出了巨大的努力，这可能是对整个项目的第一次公开检查。如果最终取得的结果非常好，那么后续工作有可能会更加简单。但是需要提醒的是：即使教员已经做得很出色，仍然建议进行更好地改进。

在试讲和实施之间留出足够的时间，以便改进试讲期间发现的问题。对于更复杂的培训项目，试运行可能要由许多内容组成，包括几种课程的试讲策略、对岗位工作影响的评估，以及后续的实施计划和对现有岗位人员增加的培训计划。

复习思考题

1. 阅读表4-3-1有关成人培训课程的描述，确定所述四种培训课程中哪一种对自己最具吸引力。

评出自己喜欢的学习风格。

为什么对于教员来说，知道自己最喜欢的学习风格以及班级学员最喜欢的学习风格非常有好处？

以书面的形式回答此问题并且准备在课堂讨论中为自己的立场辩护。

答：为了四种学习风格都会兼顾到，教员了解自己和学员喜欢的学习风格是非常有益的。

了解这些，教员将可以利用其来平衡学员的实力（即，喜欢的学习风格）。

了解自己喜欢的学习风格将可以让自己着重于需要帮助的经验设计模块。（例如：如果自己喜欢的学习风格是幻想型，那么可能要着重于采取实际的措施并关注措施的真正效果，而不是简单地观看）

2. 分组讨论下列问题，提出自己的看法：

为什么成人学习不同于儿童学习？

当成人参加一个培训课程的时候，他们会有什么期望？

请独立完成此项作业，不准查阅课程材料。

准备在课堂讨论中为自己的立场辩护。

时间：10 分钟准备

3. 分成小组，为一项培训目标准备教学活动。

在活动白板上写下答案并准备在课堂讨论中进行辩护。

目标的三个基本要素是什么？把既定的培训目标划分成这些要素。

为课堂培训或技能培训准备一个分解目标。列出九个培训事件并开发适当的教学活动。复习知识或技能培养准则将对此有帮助。

时间：40 分钟准备，20 分钟介绍

4. 选择一项简单的培训，确定其最终和分解培训目标，根据给出的模板开发试题库（或岗位培训评价表）和课程计划。

时间：40 分钟准备，20 分钟介绍

第五章　实施阶段

5.1 简　介

在分析和设计阶段，对员工绩效数据进行了收集和分析，然后为培训项目制定了详细的规范。在开发阶段，确定了培训方法并编制出培训材料。在本模块中，具体讲述了培训项目的实施。

实施就是把培训项目付诸实践的过程。这是系统性计划和开发的最终目的，在此过程中，学员通过有效的培训从以前的成果中获益。

图 5-1-1 为实施阶段的流程简图。

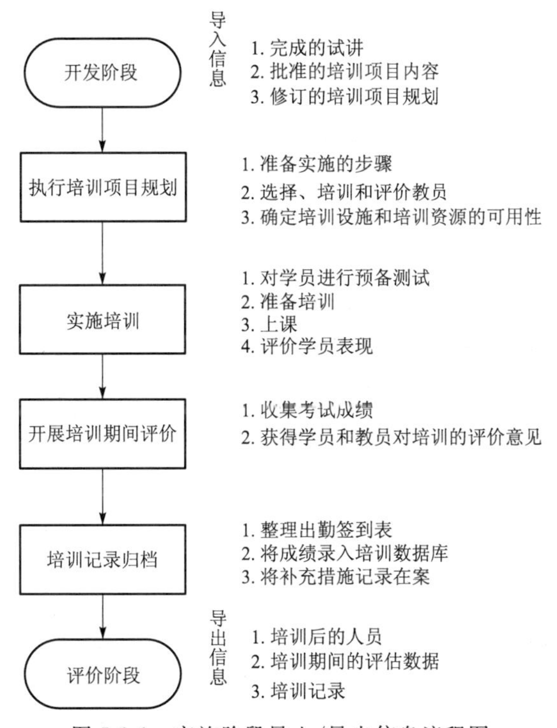

图 5-1-1　实施阶段导入/导出信息流程图

在本节中描述的实施活动应根据现有培训项目的状态加以应用。一些活动在培训项目的实施中仅仅执行一次，而其他活动在培训项目实施时则可能重复进行。

主要有四种类型的实施活动：

- 执行培训项目规划
- 实施培训
- 开展培训效果评估（培训中）
- 培训记录归档

在培训项目规划的执行中，开发了用于管理课堂/车间、正式的岗位培训、模拟机以及自学等培训活动的程序。根据制定的标准，对教员进行筛选、培训并考核，同时学员、设施以及资源的可用性也经过了确认。教员负责准备培训、预备测验学员，授课并且评估学员的表现。培训的有效实施也要求收集数据以评估培训项目的效果，还应对培训项目和学员的出勤情况进行记录归档。

5.2 实施培训项目规划

设计和开发活动生成了培训中使用的培训项目规划和材料。第一个实施活动是准备好程序以确保培训项目成功地运行，然后重点是通过完成一系列的活动使培训项目规划得以实施。这些活动包括了解教员和学员名单，确保他们知道自己的职责，并确保设施、设备和培训材料都可以获得并用于培训。

当进行培训项目规划时，应执行下列步骤：

- 准备实施程序
- 选择、培训并评估教员
- 确认学员的可参与率
- 确认培训设施和培训资源的可用性

5.2.1 准备程序

培训项目规划的实施应当以书面程序的方式进行管理，此程序要明确描述培训活动应该如何执行以及个人的职责。而且，这些程序应该强调要定期对培训内容进行内部审查，以便确定其内容与培训目标、法规、标准以及指导方针相一致。

实施程序应该说明发生在培训之前、培训之中以及培训之后的活动。这些活动应该清楚一致，当实际情况或者政策规定发生改变时还应该随时更新。实施程序应该重点强调以下几点：

- 计划、开发以及安排培训项目
- 选择、培训并评估教员
- 使用、维护并改进培训设施和设备
- 获取培训设备和材料
- 审批自动放弃培训的人员或者其他替代性培训
- 开展培训
- 管理试卷，包括考试期间试卷的保存、取用、复印以及使用说明
- 监控和评估学员的表现
- 为表现不佳的学员提供咨询和补充培训
- 证明学员成功地完成了培训
- 保存学员表现和培训项目的记录
- 培训项目执行情况的内部稽查
- 进行和监控项目评估
- 提高培训项目的有效性

5.2.2　选择、培训并评估教员

教员所需的资质应该按岗位要求进行系统化确定。他们应该注重技术能力，包括理论和实际应用知识，并具备在他们将要开展培训的主题领域的工作经验。除了技术能力之外，教员的资质还应该包括口头和书面交流能力、个人沟通技巧以及教学能力。没有达到这些要求的教员应该提前接受足够的培训。

另外，除了最初的教员资格鉴定，还应为教员建立继续培训项目，不断地提高和改进教员的技术和教学能力。教员也应该熟知当前的岗位要求、电厂变更、运行经验以及电厂使用的技术规格书。继续培训和培养应该以定期的教员绩效评估为基础。此评估应由具备资格的评估人员直接观察教员的上课情况，并且此评估应该侧重于技术能力、教学技巧以及在培训目标达成方面的整体效果。

在评估期间评估人员必须遵守以下原则：

- 在互相尊重和信任的基础上确立与教员之间的关系
- 在将要进行评估的培训课程开课之前审查课程计划和其他课程材料
- 认识到教员评估的主要目的是提高培训的质量
- 避免对培训活动妄加评论或者参与到培训活动中
- 和教员一同安排并进行评估总结
- 为教员提供一份完整的评估表
- 协助教员针对指出的不足之处拟定纠正计划

5.2.3　确认学员的可参与率

学员的挑选应该由培训和学员所在部门互相合作以确保满足课程的负荷和编制要求，被挑选的学员应该具备培训项目要求的入门级技能和知识。同时应根据课程的需要安排足够的学员，以便根据实际情况对既定培训进行适当的调整(例如补习培训等)。

5.2.4　确保培训设施和培训资源的可用性

除了指派合格的教员并确认可参加培训的学员以外，还应该对培训项目规划中确定的培训设施和培训资源的可用性进行验证。应当解决时间安排或者可用性方面的冲突，以确保所要求的培训设施和培训资源在培训开始时备好待用。下列原则对此有所帮助：

- 确认安排的培训地点足够满足一定数量学员的需求，并适于开展教学活动、使用各种媒介和一定数量类型的培训设备
- 检查设施并纠正任何不安全因素
- 检查设备的运行能力，包括零部件和维护支持
- 确认培训课程有充足的培训资料可供使用(例如电厂程序、图纸/图表、课本、手册、视听设备、工具以及耗材等)
- 证实设备正确地预热、冷却、照明以及合理地排除干扰
- 验证测试的可用性

5.3 实施培训

在讲课以前，应对学员进行预备测验，确保他们做了充分地预习准备。此外，教员也应对课程计划进行回顾、熟悉课程的内容及教学活动。在培训期间，应对学员的表现进行监控和评估，给出反馈意见，认可表现好的方面并指出需要改进的领域。

当进行培训时应执行下列步骤：

- 对学员的预备测验
- 培训准备
- 授课
- 评估学员的表现

5.3.1 对学员的预备测验

预备测试可以考察学员的入门技能和知识水平，并发现他们已经掌握的培训目标，预备测试的结果可用于下列目的：

- 确认每个学员对参加本培训项目的准备情况
- 确定是否需要对没有达到入门技能和知识水平的学员进行补充培训
- 加快或删减某些已经掌握了培训目标的学员的部分培训
- 确定总体培训大纲的重点，以一般学员的优势和弱点为基础
- 回顾课程内容及对学员的表现要求

5.3.2 培训的准备

在开始上课前，教员应该做好充分准备，确保持续有效地授课并高效地利用上课时间。在准备阶段，教员应该回顾课程计划，确保熟悉教学内容、教学设备和工具并会正确使用教学媒介、课本资料、参考资料以及考试资料。在回顾过程中，应该发现技术性的错误并加以改正，同时根据学员的预备测验结果修改授课进度和教学重点。

教员的准备应包括对所有涉及培训实施的程序进行回顾。其他的额外准备应涉及以下内容：

- 对指定的培训地点进行检查，确保能够满足一定数目学员的需要、便于开展教学活动并使用教学设备和媒介
- 检验操作设备和有效使用工具的能力
- 确保可提供足够的培训资料（例如办公耗材、课本资料、讲义、学习手册以及试卷等）
- 验证培训设施可以正常地预热、冷却、照明以及合理地排除干扰
- 检查用于监控进度、评估学员表现以及为学员提供建议咨询的程序
- 复习关于考试中和考试后试卷的保存、取用、复印以及使用说明的考试管理程序

5.3.3 授课

教员授课的基本材料是课程计划，课程计划概述了教员和学员的活动以及支持培训必需的资源，关于课程计划的编制要求，可参考本书 4.6 节。有效的培训必须以课程计划为基

础开展，这是因为课程计划详细说明了教员和学员的活动，并且能够保证培训目标有效地传递给学员。

掌握必要的授课知识和技巧是教员的基本素质要求，这样教员就可以更好地指导和帮助学员进步。设计、运用适当的环节和技巧，可以帮助学员提高学习的主动性，从而提高培训的效率。例如：提供有效的培训环境、明确必须要学会的培训目标，以简明和切合实际的方式有条有理地讲解培训资料、适当地进行提问和互动等。结构严谨、准确清晰地讲解必须学会的内容是 SAT 的核心，也是使用培训目标的主要目的。

5.3.4　评估学员的表现

在培训课程期间及/或完成后，应对学员的表现进行定期评估。评估学员的进步情况，并为教员和学员提供反馈信息，可作为奖励或确定学员需要改进之处的依据。

如果在课程计划中安排了预备测验、期中考试以及期末考试，则对它们都要予以管理。在管理考试时，应该遵守下列原则：

- 在保存考卷、复印考题以及考试中应保持考卷和试题库的安全性，防止泄密。但是另一方面，如果试题库足够大，则可以考虑让学员对照试题库进行学习，但是试题库不能给出答案
- 告知学员的考试说明应包括考试目的、遵守考试规定的重要性以及考试时间限制
- 在操作考试中使用的设备和工具应可用并处于良好的操作状态

应密切关注学员的表现和掌握培训目标的进度情况。通过监督检查发现让人满意的表现和可能存在的潜在问题。应定期或者在发现学员不足时与学员进行谈话，谈话中应该告知学员其表现的不足之处并附上一份改进计划。学员的部门主管应该随时掌握学员的进步情况，当其表现出现问题时，应参加与学员的谈话。

学员表现评估的标准应得到始终如一的应用，直到改正所有的不足并且达到培训标准，否则学员不能获准完成培训课程或者进入到下一个培训阶段。补习培训课程或者回到前一个培训阶段对于改正学员的不足十分有益。此外，还需要为顺利完成培训的学员颁发证书。

5.4　开展培训期间的评估

在培训期间，应收集各类数据，以便日后评估培训项目的效果。本节概述了在培训期间发生的一些活动，这些活动是培训评估中不可或缺的一部分。通过这些活动产生了学员的考试成绩数据及教员和学员对培训的点评意见，可以将这些数据资料结合其他评估指标进行分析，以便提高培训项目的效果。

当开展培训期间的评估时，需要执行下列步骤：

- 收集考试成绩数据
- 进行教员对培训的点评
- 获取学员对培训的点评意见

5.4.1　收集考试成绩数据

学员考试分数应用于评价学员的进步情况，并改进培训和考试的有效性。如果许多学

员对某一部分培训都感到特别吃力，并且这种情况也从他们的考试分数上体现出来，则说明了培训材料或者考题可能不适合而需要修改。

期中考试和期末考试的分数应该在培训过程中进行汇总。将考试分数录入便于使用的表格之后，应对其加以分析并进行解释。

5.4.2 获得教员对培训的点评意见

教员是获得评估数据的一种特殊来源。他们能够发现关于技术准确性、完整性、学习节奏、教学顺序以及培训材料的难易程度等方面的问题。最好的方法是制定一个这方面的管理流程，这将有助于督促教员在培训过程中记录存在的问题以及改进的建议。以上这些内容应该在培训点评中进行说明，并且教员在完成各节培训课后或者在出现严重问题的时候提交相关管理部门。

尽管教员对培训的点评意见是一种有效的评价资料来源，但是要对教员的点评意见连同主管的评价意见和学员的培训通过情况一起进行分析，这样才能保证最终评价结果的准确性和有效性。

5.4.3 获得学员对培训的点评意见

学员可以针对课程材料为组织和教员提供有用的反馈意见。在主要的培训课程结束后由学员填写的调查问卷应着重于课程的效果以及培训的改进方法。此调查表的内容还应包括培训的进度、材料的清晰性以及媒体的质量。

学员对培训的点评意见可以促进教员改进其教学表现，并在教员绩效的评估中发挥作用。但是为保证点评意见的有效性，必须对学员的点评意见进行综合分析。

5.5 培训记录归档

除了在培训期间的评估文件，以下各项文档记录也应加以保存：

- 拟参加培训的人员名单
- 实际参加培训的学员名单
- 成功完成培训的学员名单
- 测试成绩
- 测试问题
- 颁发的培训证书
- 学员信息

培训管理数据库系统是专门用于记录此类信息的。学员的书面测试成绩也会保存在其培训档案中。除了培训档案，其他培训记录也要进行保存，并归为受控文件。这些文件反映了法规、审查或者历史记录的要求，同时保存的记录反映了一个培训组织机构的各项计划和活动内容等，例如：

- 课程材料
- 课程计划
- 讲义

- 检查清单
- 管理费用
- 岗位绩效考核
- 岗位和任务分析
- 政策和程序
- 变更建议

复习思考题

1. 分为小组，在活动白板上记录各小组成员对下列问题的回答：

- 在开始授课前，教员应该具备什么样的资格？
- 哪些内容需要列入授课前考虑的活动和项目清单中？
- 对学员进行预备测验能够获得什么有价值的信息？

2. 请在不参考课程资料的情况下完成下列任务，并准备在课堂讨论中辩护自己的观点。

时间：20 分钟。

- 在管理试卷时应采用什么原则，收集考试结果的目的是什么？
- 培训实施阶段需要收集哪些记录？

第六章　评估阶段

6.1 简　介

培训评价和反馈的目的是对整个培训过程进行分析，分析对象包括培训要求、培训材料、培训教员和授课形式，以及员工绩效表现。根据分析结果提出是否需要进行修订或改进培训需求，以确保培训的有效性。

任何在评价过程产生的、对培训大纲的变更建议都必须得到批准，并存档。

评价和反馈作为 SAT 的重要阶段之一，在 SAT 的各个阶段以及改进核电厂现行功能方面具有不可或缺的作用。

SAT 要求的评价反馈阶段的输入和输出项可参考图 6-1-1。

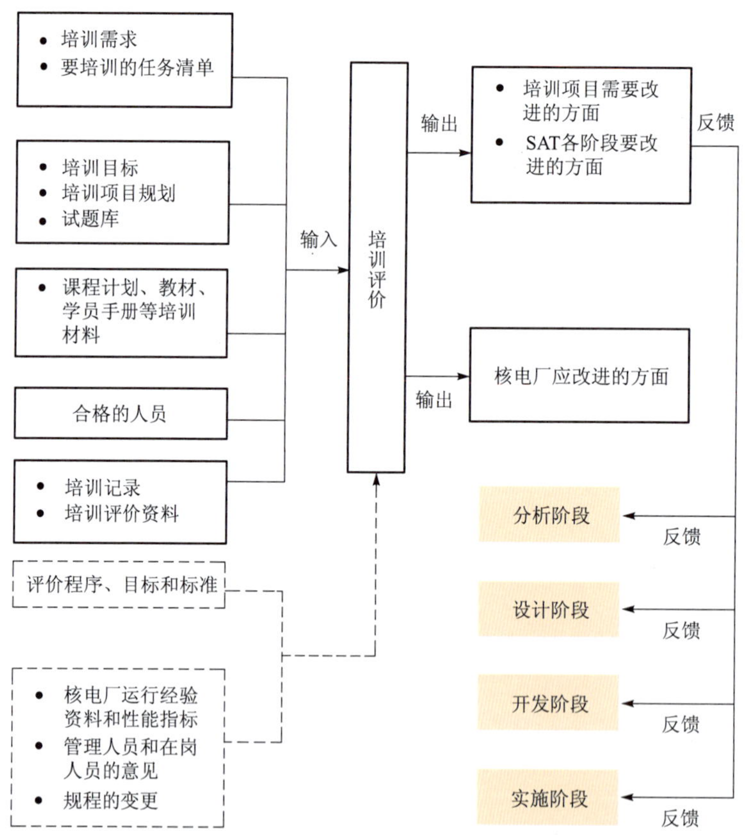

图 6-1-1　评价反馈阶段的输入/输出项

6.2 评价信息的来源

根据 SAT 原则，最有用的评价信息来源包括：

- 核电厂运行经验反馈和性能指标
- 其他电厂的经验反馈
- 检查报告和评价报告
- 核电厂规程变更和改进说明
- 管理人员的意见
- 岗位工作人员的意见
- 教员的意见
- 学员的意见
- 培训和核电厂活动的调查资料等

6.3 培训评价的目标和标准

根据 SAT 的要求，共有 11 个领域可作为实施评价活动的目标。以下详细介绍了与这些目标有关的标准，可以作为检查目标是否达到的准则。

6.3.1 培训大纲

目标：

建立培训大纲的目的在于为核电厂人员提供与其岗位工作有关的、执行其职责必要的、适当的技术和人际因素方面的知识和技能。

初始培训的目的是培养能独立上岗工作的人员。

继续培训(再培训)的目的是保持和改进在岗人员的能力。

标准：

- 用系统化培训方法确认、建立并保持培训大纲的内容。在确认培训大纲内容时，应考虑现有的导则、规程和培训材料等。
- 初始培训大纲的制定应根据所培训的岗位工作要求。在考虑岗位工作能力要求时，为了有效地工作，既要分析技术方面的能力，也要分析人际因素方面的知识和技能要求。
- 再培训大纲用于保持和改进在岗人员的工作能力，其培训内容有：培训大纲评价反馈意见、管理制度的变化、工作范围的变化、外部评价和检查结果、有关文件的变化、规程变化、机组和系统的变化、类似核电厂的经验、原因分析的结果、设备和人员变化趋势和其他电厂经验。

6.3.2 培训的机构和管理

目标：

所有的培训活动应受到管理部门有效地指导和充分支持。

标准：

- 公司各处室对所属人员的工作能力负责，并保证他们得到有效的培训、取得资格

- 各处室各级管理人员应支持培训工作,保证培养合格的人员
- 培训目标清楚,管理部门全力支持
- 人员培训的管理、检查和实施的责任和权利都要以书面形式确定下来,使培训活动得到有效的管理
- 要制定实施系统化培训方法的政策和程序,作为核电厂人员培训管理的主要手段
- 要有适当的资金和人力投入到人员能力的培训和保持上
- 处室负责人要保证所属人员完成要求的培训
- 要求人员在完成了规定的培训并得到相应的授权之后才能独立上岗工作。以等效的教育和经验来代替培训要求的,须有文件规定
- 用初始培训大纲的要求,来培训和衡量新的人员
- 承包商或其他非核电厂人员应具有所从事工作的资格
- 培训管理部门和各处室应保存培训记录,以备检查

6.3.3 培训教员的培养和资格

目标:

培训教员(包括公司内部教员和公司认可的协作单位兼职教员)应具有履行职务要求的知识、经验和技能,包括授课知识和技能。

标准:

- 培训教员应具备并保持其相应职位要求的教育、技术和经验资格
- 要培养和保持适应各种培训方式的必要的教员人数和质量
- 如果有的培训需要由未经过 SAT 培训和授课技能培训的教员进行授课,则应有合格的教员或培训管理人员来监督
- 进行岗位培训和考核的教员应知道进行岗位培训和考核的规定、做法、方式和标准
- 教员的能力要定期考核,使其不断提高
- 不断地培养培训教员使其保持并不断提高需要的技术和教学能力

6.3.4 培训需求分析

目标:

要系统化地分析可能的培训需求,作为培训活动的基础。

标准:

- 由有关专家、相应专业的工程师和培训管理人员进行岗位任务分析,编写出特定的工作任务清单和人员全面工作能力清单
- 要分析工作范围的变化、电厂变更、其他电厂运行经验以及其他电厂的反馈资料,用来增补、减少或修订工作任务和人员全面工作能力清单
- 系统化地从岗位工作任务中做出选择,用到初始培训和再培训中
- 分析岗位工作任务,用以编制培训材料
- 培训教材与核电厂特定的工作任务和人员全面工作能力的详细清单有清楚的关系,说明每一项工作任务和能力都有相应的培训大纲来支持

6.3.5　设计和编制

目标：

培训目标规定了培训内容，定义了合格学员的标准，它是根据岗位工作能力要求和运行经验的反馈制定的。培训目标分为最终培训目标和分解培训目标。培训目标应基于岗位任务进行编制。

根据培训目标编制培训材料。

标准：

- 在制定培训目标时要考虑学员的初始水平要求
- 培训目标要与确立的基本培训内容、学习进度和学员的能力标准保持一致
- 培训目标要适当地安排、分组
- 不管是采用笔试、口试、岗位考核或模拟考核，都要制定考试项目，以有效地衡量学员的全面工作能力，包括分析和诊断的深层次认识能力
- 要基于分解培训目标，规范编写课程计划（包括课堂培训课程计划、岗位/技能培训课程计划和模拟机培训课程计划）、岗位工作能力考核办法、自学导则、岗位培训导则和其他培训材料，以支持培训目标，保证培训工作的质量和一致性
- 应有考试内容，以考核学员掌握分解培训目标的标准（及格与不及格），使考核工作更为有效

6.3.6　支持培训的设施、设备和材料

目标：

培训设施、设备和教材能满足培训要求。

标准：

- 包括模拟机在内的培训设施和设备满足培训要求，并得到适当的维护
- 用于培训的实验室和车间充分支持培训工作
- 教员有必要的培训材料和设备
- 具有现行的核电厂规程和图纸等技术性参考资料，可随时提供给学员和教员使用
- 模型、模拟体和培训模拟机应反映核电厂实际情况

6.3.7　课堂教学和个别辅导，学员考核

目标：

有效地进行课堂教学和个别辅导，学员考核一致可信。

标准：

- 按经过批准的现行教材进行培训
- 鼓励学员直接参与学习过程
- 教员应充分备课以保证讲课效果
- 教员的教学方法适合培训目标和课程内容
- 在进行个别辅导时，要提供充分的指导和支持性材料，以达到培训目标
- 定期用笔试和口试考核，以考核学员掌握培训目标的情况
- 进行笔试和口试考核和测验时，评分要一致

- 口试前,要事先定下合格标准
- 当出现不及格时要进行补充培训和补考

6.3.8 岗位培训和考核

目标:

有效地进行岗位培训,对学员的考核要一致可信,确保学员在上岗独立工作之前就具备岗位要求的技能和知识。

标准:

- 应用经过批准的现行教材进行岗位培训
- 岗位培训只能由具有岗位资格、能进行有效的培训和考核的人员来担任
- 按计划好的有逻辑的教学顺序实施岗位培训
- 不能操作的工作,但是可以模拟或现场见习的工作,其工作条件、参考资料、工具和设备要反映真实情况
- 教员要有适当的岗位教学方法
- 要用既定标准对学员进行考核,保证学员在独立上岗工作之前就具备岗位工作有关的知识和技能。要由另外合格的考核人员进行考核
- 不及格的要再培训和补考

6.3.9 运行人员模拟机培训和考核

目标:

有效地进行模拟机培训,对学员的考核一致可信。

标准:

- 运用全范围模拟机进行操作培训,演示核电厂运行特点,了解并控制核电厂正常、异常和应急工况
- 要使用能反映电厂实际情况的全范围模拟机。如有差异,应尽快改善,并应在培训前向学员说明模拟机与主控室实际情况的差异
- 模拟机培训要强调诊断能力和班组集体工作能力
- 应用操练指导书、操练讲评和自我考核来增强培训效果。操练讲评和自我考核巩固收获,找出并校正个人和班组集体工作中的薄弱环节
- 在模拟机培训中,要特别强调电厂的运行规程
- 按批准的培训教材进行模拟机培训
- 教员对模拟机培训要作好充分准备,以使培训效果良好,保持培训的一致性
- 教员对操练课要有适当的教学技巧
- 各处室各级管理人员和培训管理人员定期地根据既定的培训目标,采用适当的考核方法和能力标准对每个学员和班组集体工作能力进行考核
- 考核成绩不及格的要补充培训,并补考

6.3.10 实验室培训和考核

目标:

有效地进行实验室培训,对学员的考核要一致可信。

标准：

- 按照批准的培训教材进行实验室培训，能进行实际操作
- 工作条件、参考材料、使用工具和设备反映实际情况
- 鼓励学员直接参与培训过程
- 教员准备充分，使培训工作保持高效和一致
- 对照培训目标考核学员的工作能力
- 承包商的培训学方法适应于学习目标和课程内容
- 采用适当的考核方法，保证学员达到规定的培训目标
- 考核不合格的要补充培训，并补考

6.3.11　通过系统性的评价培训效能进行经验反馈

目标：

有效地进行了培训的完成情况和培训效能的系统性评价。

评价结果用于改进培训大纲，及核电厂的改进。

标准：

- 采纳管理人员、处室负责人、教员、学员和在岗人员的意见来评价和改进培训大纲
- 对各种培训方式进行定期地监督检查和评价
- 在培训中，对学员能力进行考核，来评价和改进培训大纲
- 考虑核安全当局管理规定的变化、工作范围的变化、外部评价和考查结果、有关电厂文件的变化、规程、核电厂系统和设备的变化、类似核电厂的经验、事故原因分析结果、设备和人员能力变化趋势，以及其他电厂运行经验等用到初始培训和继续培训大纲之中
- 及时地系统性地对初始培训和继续培训大纲进行改进和变更，有检查，有协调
- 经常性地或定期地对个人培训项目规划进行评价，以提出强项和薄弱环节
- 评价承包商的培训是否满足岗位工作能力要求，使承包商的培训质量达到规定的培训标准

6.4　评价模型

针对上述培训评价的目标和标准的不同层次，采用“柯氏评价模型”的四个水平评价模型，参见表 6-4-1。

表 6-4-1　柯氏评价模型

评价层次	结果标准	评价重点
1	反应	学员满意度
2	学习	学到的知识、技能、态度、行为
3	行为改变	工作行为的改进
4	结果	工作中导致的结果

第一层次：反应评价。即参与者对培训项目的评价，如：培训教材、培训教员、设备及方法等。受训者的反应是培训设计需要考虑的重要因素。

第二层次:学习评价。即测量知识、原理、事实、技术和技能的获取程度,如考核成绩。要评价的内容是:学习到了什么知识?学到或改进了哪些技能?哪些态度改变了?

第三层次:行为改变。即测量在培训项目中所学习的技能和知识的转化程度,学员接受培训回到工作岗位后,其工作行为有无改善,如工作效率的提高。

第四层次:结果评价。即组织层面上的评价,如投入收益比例,节省成本,工作结果改变和质量改变。

以上四个层次的信息是递增的,低层的信息是更高层次评价的基础。

6.4.1 反应评价

反应评价用来评价学员对培训课程、培训教师和培训安排的喜好程度,这些信息并不一定能够反映培训对组织的实际绩效有何作用。

其作用体现在:① 提供改进培训的建议和评价;② 让学员感到培训教员和组织者对他们意见的尊重;③ 反应评价也可以提供一些对培训看法的定量的信息,可以把这些信息反馈给管理层,让他们对培训有更多地了解;④ 反应评价所提供的信息可以给培训教员建立今后的绩效标准提供参考。

反应评价的注意要点:

- 决定要收集哪些方面的信息
- 鼓励填写评价和建议
- 设计可以定量地分析信息的评价表
- 确保每个学员都填写了评价表
- 让学员客观、诚实地填写
- 建立培训“可以接受”的标准
- 对照标准衡量反应,并采取适当的措施
- 对学员的评价给予适当的反馈

反应评估的示例:学员培训后反馈调查表,见附录十四。

对于以下重要的培训项目,原则上要求进行反应评价:

- 授权复训培训项目、管理培训项目,培训材料第一次应用以及培训材料升版、教员更换,由培训机构组织实施
- 重要的岗位/技能培训项目,第一次以及培训材料升版、教员更换,由相关处室组织实施
- 其他重要培训项目,由培训实施部门组织反应评价

6.4.2 学习评价

培训的目的是学习知识,技能和态度。在学习评价中,要评价的内容是:学习到了什么知识?学到或改进了哪些技能?哪些态度改变了?评价学习结果在培训评价中非常重要,因为如果没有 KSA 的获得或改善,就很难导致行为和结果的改变。

常用的学习评价的方式为:各种形式的考核和评价。对于并不重要的岗位或技能培训项目,可以参考附录十“自我评价表”,该表一般用于培训项目培训时间相对较短,且内容不是很重要的培训项目。由学员对自己的培训结果进行评价,作为已接受培训的记录。

在附录十的基础上，对于较为长期的培训，可以使用附录十一“岗位培训综合评价表”对学员整体表现给予评价。该表是由岗位培训教员对于参加重要岗位或技能培训的学员所进行的单项任务或技能评价，一般在培训后进行，以便对学员培训后执行任务的能力或某项技能掌握情况进行评价，作为学员是否达到培训目标的要求的依据。

6.4.3 行为评价

行为评价更多地考虑到学员在接受培训后回到工作岗位，在工作表现上产生的变化。它实际上评价的是知识、技能和态度的迁移。

行为评价的特点：

行为评价比上两个层次的评价更复杂，也更难操作，有一些不利于操作的具体因素：

- 学员行为的改变需要一定的条件。如果培训后没有机会使用(忘记或知道也无法使用)，行为将很难改变
- 很难预期何时会有变化的产生
- 行为的改变往往受到外部的影响

所有培训的目的都是要改变学员的行为，如果不知道学员的行为到底有没有改变，那么对培训的评价将大打折扣。

从核电厂的角度，通过行为评价，可以看到培训到底导致了员工在工作上产生了哪些变化从而评价培训项目的价值；从培训管理部门来说，通过这个评价可以了解员工的改变程度，可以对某个培训项目有更好的了解；而对员工来说，通过评价可以看到自己发生的变化，从而增加对培训的信心并有效地进行工作。

行为评价实例：

在实施了处级管理人员沟通技能的培训后一段时间，对参加人员进行行为评估。示例见附录十二。

该示例为对于一些较难使用试题考核的培训项目，如管理技能培训等，使用的自我评估的一种方式。同时，也可以通过对参加培训的人员的主管或下属进行问卷调查的方式，对培训效果进行评价。

6.4.4 结果评价

结果评价是用来评价培训项目给公司带来了哪些改变？如：

- 实施了“沟通培训”，生产力提高了多少？
- 实施了“STAR(停、思、行、审)”培训，人因事件下降了多少？
- 实施了某项岗位技能培训，工作效率提高了多少？
- 企业所有培训的投入的回报率是多少？等等。

由于结果评估较难实现，在国内绝大多数电厂暂时还没有该层级评估的实例。

6.5 评价方法和评价结果

根据上述评价标准和评价模型，采用如下评价方法：

- 培训过程中的评价(测验)

- 对培训实施情况的评价
- 培训后评价
- 变更项目培训的评价(例如工作范围变更、程序变更、设备变更、电厂变更等)
- 电厂和行业运行经验的评价
- 培训大纲的综合评价

每类评价方法可根据具体情况采用如下三种评价方式的一种或综合使用:

- 分值方式的评价方式,即以打分的形式进行评价。此类评价可以产生量化的数据进行分析
- 问卷调查的评价方式。此类方式可以了解一些具体的信息
- 核查表的评价方式。此类方式是事先准备好应该实现的条目,由评价表根据实际情况核查是否按该条目全部完成

6.5.1 培训过程中的评价

对员工在笔试、口试、绩效测验中的表现进行监督和评价,以满足对培训大纲和测验过程的改善的要求。例如,如果学员在考试、绩效评价或测验中的通过率很低,则说明培训大纲或考试题目可能存在问题。如果通过率正常,而且其他的指标(在职表现、人因事件报告比率等)也令人满意,则培训大纲是有效的。

附录十三为"学员考核成绩分析表"。在相关处室和培训部门认为必要时使用该表对课程考核情况进行分析。一般,学员的成绩呈正态分布的图形。可通过对成绩分布的情况初步判断考试的难易程度和适用性。

6.5.2 对培训实施情况的评价

在所有的教学场景中对培训的实施情况进行评价,以确定培训内容的精确性、支持材料的精确性以及教员的表现情况。

对培训实施过程的评价应包括:学员评价表、教员建议、合格人员对教员表现的定期评价。如果有需要,则对教员进行提升并对培训资料进行修改。在修改培训资料之前,修改内容必须得到批准并存档。

附录十四"学员培训后反馈调查表"为培训结束时,组织学员对培训进行评价的示例,一般在培训结束同时进行。

附录十五"培训项目评价表"为培训观察员对培训项目的评价的一个示例。

附录十六"对工作人员的培训调研及评价"和附录十七"对主管的培训调研"两个示例,分别对工作人员和其主管进行的培训实施情况的调研和评价。

6.5.3 培训后评价

应用以前学员和他们主管的反馈信息,衡量培训大纲的效果如何。在培训结束足够长的时间(具体时间根据该项培训内容在工作中的应用频率确定)后收集反馈信息,以确定学员对工作要求的熟悉程度,以及培训对相关工作的效果如何。主管人员的反馈信息集中在学员绩效表现上。

其他反馈信息包括:与培训相关的绩效表现问题,系统变更、程序变更等会影响到培训

的问题。

附录十八给出了学员主管对学员培训后的反馈，可参考其对学员培训效果进行初步评估。

附录十九给出了学员培训后自我评估，主要用于确认培训内容与工作的相关性，从而保证培训目标的有效性。

6.5.4 变更项目培训的评价

对工作范围改变、程序变更、设备变更和电厂变更进行监督，以确定它们对培训大纲的影响。如果有变更，要通知培训项目的管理处室和培训部门，以便于确定培训资料是否需要进行相应的改变。理想的情况是，在变更产生效果前，培训资料的修改，以及培训的实施工作都已经进行。需要开发把培训资料维护在最新状态的正式系统。

对于变更项目培训的评价，可涵盖在前面的评价示例之中，也可单独对电厂变更项目的培训情况进行评价。

6.5.5 运行经验反馈

通过运行经验反馈方面的培训，可以学习他人的经验、并防止相似的问题再次发生。对运行经验要进行定时的审阅，以便于在培训中包含从这些事件中学习到的教训。对于运行经验反馈方面培训的评价，可涵盖在前面的评价示例之中，也可单独对电厂的运行经验反馈方面的培训情况进行评价。

6.6 反 馈

反馈阶段是指把评价结果得到的信息（特别是有关改进工作的信息）提供给负责人和有关职能部门。

为保持所有参与评价的人员的主动性，对于评价阶段提出的建议和意见应给予充分的重视。培训部门和相关处室应根据评价阶段给出的结果，认真分析，且根据实际情况编制行动计划，并跟踪处理。对于重要的评价结果，鼓励通过状态报告等形式进行改进和跟踪。

复习思考题

1. 解释评价的作用和意义。

答：培训评价和反馈的目的是对整个培训过程进行分析，包括对培训要求、培训材料、培训教员和授课形式等进行全方位分析，以及对员工绩效表现的评价，提出是否需要进行修订或改进要求，以确保培训的有效性。

2. 列举评价的要点（不少于五项）。

答：培训是否满足预定的培训要求？

培训材料和教具的质量是否符合要求？

培训和取得资格的过程(进度、考核)的实施是否按原设想进行?

培训目的是否清楚? 是否必要?

培训教员是否满足教员行为规范的要求,授课有效性如何?

培训设施和资源是否足以支持培训活动?

培训费用按取得的利益衡量是否恰当?

培训是否改进了人员的工作能力? 是否达到了预期目标?

3. 解释柯氏评价模型的四个层次及其评价重点。

答:参考表 6-4-1。

4. 运用"学员培训后反馈调查表"对一门课程进行评价,并形成评价报告。

附录一　动词及其定义

动词表及定义

本动词表分为三部分：
• 认知或知识活动
• 技能或技能活动
• 情感或态度行为，例如绩效标准

第一部分——认知任务动词和行为表述	
认知任务涉及脑力活动，例如：处理信息、解决问题、决策以及感知过程。认知任务可以与一项任务或一组任务同时、在其之前或者在其之后发生。下列动词表及其定义应有助于为认知任务的表述选择恰当的行为动词	
分析	为了解决一个问题或者为了发现原理或特点，对一个复杂的现象进行调查或研究。具体地研究其组成部分、基本要素、因素或一个状况和问题，以确定行动路线、解决方案或者结果；进行精密的检查以便了解某个物体的组织或者本质，例如，分析计算机电路故障
应用	付诸实施或者使用（如一项法规）。这个动词不用在“应用一份规程”此类上下文中，因为此任务特别涉及执行身体动作。然而，岗位任职人员可能有义务应用规程中规定的准则或限制条件
评价	验证实际的状态或者条件是否和期望的状态或者条件相符
授权	一种行为的合法认可；授权。包括评估一种行为是否正确的思维过程
计算	确定，特别是通过数学过程或者利用实际判断确定（计算作为一种认知能力，不包括使用纸张、铅笔、计算器等的物理计算，这些物理计算应属于任务范畴）
分类	按照类别或种类整理
对比	检查其特点或者性质，以便了解类同之处或不同之处
决定	达成一个解决方案，从而结束不确定或者争论，作出最终选择
确定	通过在供选方案或者可能性之间作出选择而解决问题
诊断	调查迹象、症状或者故障以确定原因
区别	区分；觉察到特有特征的区别
估计	不确定地或大约地判断数值、价值、效用等
评估	决定相对的价值，通常在两者之间选择
阐明	创造或生成（作为问题的解决方案）
鉴别	确定其特征或身份等
内插	在两个已知值之间估计的值
解释	解释或者说明……的意思
计划	设计或计划实现、达到或者发生……
预测	在观察、经验或者科学原因的基础上进行预言。该动词可以用于描述任职者为了避免事件的发生，进行必要的预测，从而避免出现不好的后果

续表

第一部分——认知任务动词和行为表述	
创立	为批准和维持一个流程或程序,设定标准
识别	承认、意识到、或者注意到。该动词用于“意识到一种状态”的语境中,例如,一种复杂现象的异常性。对刺激物的简单识别是一种低级的认知能力
关联	建立逻辑和因果关系
解决	为……找到一个解释
合成	把部分、成分或者要素(例如若干条信息)合成一个整体
说明	用更容易理解的或者不同的术语表达

第二部分——技能行为动词和任务表述	
技能任务是指思维与身体协调的活动。技能任务的表述应清晰并简洁,以确保学员可以执行正确的行为。行为表述包括行为动词和直接对象。行为动词应明确学员的可观察且可测量的行为。例如:在任务表述“启动厂用水泵”中,行为动词是“启动”,直接对象是“厂用水泵”。下列动词表及其定义应有助于为技能任务的表述选择恰当的行为动词	
确认	认可并对指示和报警作出响应
发动	投入机械动作或运动
加	增加;执行数学加法程序
调整	不断努力,直到处于正确或确切的位置
校准	调整或者修正一个物体的相对位置
更替	改变或用一个代替另一个
通告	通知一个事件或进展
答复	对询问信息的要求作出的反应
装配	把各零部件组装为一个复杂的结构或构件
辅助	给予支持或帮助
反洗	通过一种推动力把空气或液体往后推
平衡	使相反的力量相等
开始	着手或发起
泄漏	从一个容器中抽出或者造成溢出
阻塞	阻碍通过或进行
沸腾	加热到沸点
旁路	避免或绕行
校准	通过调整,检测、关联、汇报或者消除仪表或测量设备与标准的准确度的差异
集中	围绕一个中心地区或位置放置或调整
更换	替换
装满	存入或载入至满负荷
校对	仔细或者挑剔地看,检验
净化	去除灰尘或污染物
关闭	达到自然或者正常的末端;停止运转

续表

第二部分——技能行为动词和任务表述	
代码	指定的符号、字母、数字或者词语
收集	集合到一个物体或一个地方
完成	结束;具备了全部的必要部分
连接	结合在一起或栓紧在一起
控制	有权限管理
构建	通过把各部分组合在一起制成或形成
冷却	造成热量或温度损失
纠正	修改或调整至要求的状态或标准
减少	在尺寸、数量或者强度上变少
断电	断开能量或者电压
压下	往下压
取消选定	停止选择功能
检测	发现某物的存在或者出现
稀释	通过混合,使变得稀薄或降低强度
指示	分配活动给另一个人
分解	拆开
断开	切断或终止连接
显示	展出以供视觉之用
解决	处理掉
溶解	使溶入溶液
脱	除去衣物
穿上	穿上衣物或装备
供能	给与能量或电压
输入	输入数据
安置	使坚强或稳固
退出	出去或者离开
供给	给电路提供一个信号;为系统补给液体
加热	增加能量以获得更高的温度
持有	强迫保留;持续加压
浸入	投入或浸入液体中
增加	在尺寸、意图以及数量上增加或扩大
通知	传达信息
检查	正式的检查,通过与规定的标准相对比,确定一个物品的适用性
安装	固定零部件或者进行组装,使设备或系统正常运行
隔离	与另一个分开
点动	移动、启动然后迅速停止

续表

第二部分——技能行为动词和任务表述	
排队	按照直线排列
加载	把能量输出到输电线上
定位	找到一个精确的地点或位置
闭锁	通过钥匙、结合或者设备加以保护
记录日志	把要求的信息记录在书本上或者纸张上
降低	减少高度、压力或者温度
润滑	通过加入能够减少摩擦力的物质,使得平滑或光滑
维护	保持现有的状态
操纵	用机械操作或用手熟练地操作
测量	用标准校准
混合	结合或混合
监控	在一段时间内检查或者观察系统及其部件的运行状况
移动	连续地从一个地方走到另一个地方
中和	使活性或效力相互抵消。使电力或化学特性不活泼
通报	正式通知
观测	仔细地观看
获得	握住;通过计划的行动得到
打开	能够进入或者活动
操作	启动、停机或者影响特定部件或系统的运行
大修	按照维修标准,恢复到完全的可用状态或者可操作状态
超控	旁路自动控制的动作
履行	按照规定的程序,采取行动
标绘	通过在图表上绘制原点代表……
定位	对于离散状态进行控制
准备	混合;合并起来;准备妥当
加压	对一个封闭的容器施加压力
灌注	通过充入或装入某些东西,备好待用
印刷	用打印的方式产出某些东西
拉	抽出或牵制
抽吸	通过抽吸、加压或者两种方式升起、下降、转移或者压缩流体或气体
扫气	通过吹风除去沉积物或减轻残存气体
插入/拉出	在电气柜上插入或拆除断路器
提升	增加高度
重新激活	重新通电或又起作用
读取	通过扫描,理解以符号形式呈现的视觉信息
复原	按照原来的制造标准修复不能使用的设备,使之如同新的设备

续表

第二部分——技能行为动词和任务表述	
收到	接收书面或口头信息
再循环	重新开始流动
记录	记下信息；用文件记录事件或发展趋势
消除	解除
修复	通过纠正损坏的、有毛病的、有故障的、或失效的零部件或装配件，恢复某件物品的有用性
替换	以一个可以使用的组件或者装配件代替无法使用的对应部件
汇报	做报告，以正式的文件形式记录会议内容或事件行动
要求	寻求信息
响应	反应；答复
返回	使某事物回到从前的状态或者条件
冲洗	通过用液体冲刷进行清洗
运转	持续有效运行
取样	抽取一个标本用于判断整体的质量
保护	使之免受损害；控制进入
保养	保持一个物品处于最佳的运行状态
关闭	停止或者暂停运行
喷射	使用蒸汽或液体喷嘴
开始	开始；形成
启动	开始；开始运转
停止	结束或停止
存储	搁置起来以备将来使用
切换	替换到另外一个电路；调换
供给	供应或供给
使同步	安排多个操作同步发生
打电话	通过电话沟通
测试	以规定的标准为依据，检验设备的可用性并检测故障
节流	降低流速；调节……的速度
用滴定法测量	确定一种溶液（滴定）的浓度或者某种物质在溶液中的浓度的方法或过程
追踪	发现踪迹、迹象或者……的残留物，沿着一条路线
转移	从一个地方或位置运送到另外一个地方或位置
传达	从一个人向另外一个人发送或者传送
运输	通过机械的方式从一个地方向另外一个地方转移或者运送
脱扣	迅速地脱离运转
调整	对特定频率的无线电波作出反应
翻转	旋转或者转动
拔掉门栓	通过抬起或者除去插销的方法打开或松开

续表

第二部分——技能行为动词和任务表述	
卸载	卸掉负载
升级	提高……的质量;改善
更新	使成为最新的;修订
解锁	松开;解除束缚
拆开	分离或者断开
排出	释放气体、液体或者压力
验证	确认准确性
通风	暴露于空气中
热身	通过预备练习或者操作的方式为运作做好准备
称重	确定……的重量
撤回	撤出使用
归零	调整到零位
对于技能任务的一般表述。编写技能任务时,可以参考下列例子:	
• 拆卸应急给水泵	
• 查离心泵上的耐磨环	
• 启动应急发电机	
• 将主发电机并网	
• 停役停堆冷却系统	
• 分析锅炉水水样中氯化物的含量	
• 对一名触电休克的受害人实施急救	
• 校准液体区域水位检测仪	

第三部分——情感或态度领域的动词和任务论述	
情感或者态度领域的任务涉及哪些影响管理层期望的绩效标准?这些词最典型的是描述比率、数量、质量、精密度、精确度、完备程度、外观表现、整洁程度、清洁程度、细心程度、细节关注度、清晰度以及简洁性等方面的词语	
下列动词表及其定义应有助于为情感任务的表述选择恰当的行为动词	
接受	收到、采取、获得(被动地),接受(被动地)
负有责任	对结果承担相关责任,并且根据后果的不同将会获益或者接受惩罚
确认	承认是真实的或者恰当的,承认负有的义务;报告收到……
管理	管理或者直接执行、引导或者应用……
建议	与……商量、忠告……,劝告、建议……做法
提倡	促进、支持以及防卫
协助	援助、帮助、支持
承担	接管某人的职责和权利
保证	确保、验证、确认、确定
注重细节	包括高质量的、彻底的以及精确的措施

续表

第三部分——情感或态度领域的动词和任务论述	
鉴定	使变得真实，授权……，论证，证实，确认
批准	准许、授权，给予……职权
执行	执行命令、规章制度、指令、制定的政策以及计划等
证实	担保、确信、验证、证实、保证
表示异议	难于接受不同观点、争夺、争论、不同意、具有不同的意见、反对
合作	以团队的方式工作或者共同行动
委托	决定、选择、宣称对……忠诚、全权处理直至所托事务完成
交流	发出并接收信息
补偿	弥补、补偿、调整以使平衡
同意	同意、赞成
协商	协商、比较观点
确认	验证，并通过正式的评估使……有效
考虑	思考，考虑
咨询	寻求意见或信息
协调	关注他人的做法和所作的努力，调整、协调
决定	达成解决方案、作出选择或者判断
防护	支持、避开攻击、保护、站在……一边
委派	指定另一个人代表某人的利益，授权另一人代理自己
演示	证明、显示、解释、举例说明
确定	设定边界、限制、推断、决定
指导	管制、指导、指示、分配、控制
显示	显示、揭示、揭露
争论	争论、劝阻、攻击、不同意
强制执行	履行、使发生、背后施压、强迫、激励、鼓舞
确保	保证、担保、确信
建立	使坚固、建立、使其存在
估价	决定……的价值，或值……
检查	检查、询问
执行	遵循指示、使发生、履行、创造、执行
指导	管制、管理、监督、指导、命令
鉴别	辨别、识别、选择
灌输	教导、教授原则或入门知识
触发	启动、实行、开始、促成
证明	阐明、校准、支持、防卫
领导	在行动和观念上以身作则，给予指导
喜欢	喜欢、偏向一个方向、受到吸引

续表

第三部分——情感或态度领域的动词和任务论述	
管理	控制、指导、引领、管理、计划、组织、控制他人
监控	仔细看守、追踪记录
刺激	提供动力、刺激并促使行动
遵守	遵守、遵循、服从、保存、注意
组织	安排、计划、组织
监督	管理、监督、检查……工作
完成	做、行动、采取行动、应对要求、实施、执行、取得、实现
计划	详细安排、具体说明行动过程，设计出一种方法或行动过程
实践	实施、履行
称赞	宣布其优点
促进	推进、促进、为……的发展贡献力量、支持
接受	被动地接受某人的所有物
认出	感觉到、回忆、想起以前知道的信息
推荐	劝告、咨询、提供建议
代表	作为相等的……
尊重	尊重、尊敬、注意、听取 、服从、钦佩
评审	检查、审查、检查
选择	选择、突出、区别、鉴别
主管	指导、监督
监督	下达命令并观察其他人的行动
支持	加强、提升、提倡、结盟、促进
采取行动	行使一项职责、采取措施，达成渴望得到的结果
通知	描述、公布、揭露，使众所周知
证实	证明、确认、鉴定
重视	珍视、看重、珍惜
验证	证明、确认、鉴定、证实

附录二　某电厂任务领域清单模板

任务领域(DUTY AREA)清单

处室：______________________　　　　科室：______________________

岗位：______________________

分析人员：______________________

任务领域清单：

序号	任务领域名称
1	基础通用的专业理论技能或知识背景
2	
3	
4	
5	
6	
7	
8	
9	
10	
11	
12	

说明：

一般一个岗位有5～12个任务领域。

任务领域的分类方法：一般运行按系统分，维修按设备种类分，辐射防护按程序分，还有按建筑物分。

附录三　某电厂岗位任务清单模板

岗位任务分析清单

岗位名称：________________

岗位编号：________________

所在处室/科室：________________

版次：________________

编制：	（签字）	日期：	
	（打印：姓名、职务/岗位）		
校对：	（签字）	日期：	
	（打印：姓名、职务/岗位）		
审核：	（签字）	日期：	
	（打印：姓名、职务/岗位）		
批准：	（签字）	日期：	
	（打印：姓名、职务/岗位）		

<table>
<tr><td>岗位名称</td><td>换料机械检修</td><td>任务领域名称</td><td>乏燃料系统</td><td colspan="2">任务领域编号</td><td colspan="2">002</td></tr>
<tr><td>任务编号</td><td colspan="2">任务描述</td><td>程序来源</td><td>难度(D)</td><td>重要性(I)</td><td>频率(F)</td><td>培训种类</td></tr>
<tr><td>FH2100230110</td><td colspan="2">清洁润滑乏燃料系统设备</td><td>9801-35300-PMP-091
9802-35300-PMP-091
乏燃料系统预防性维修大纲</td><td>2</td><td>2</td><td>3</td><td>初始培训</td></tr>
<tr><td>FH2100230210</td><td colspan="2">检查乏燃料系统水下链条</td><td>9801-35300-PMP-091
9802-35300-PMP-091
乏燃料系统预防性维修大纲</td><td>2</td><td>3</td><td>2</td><td>初始培训</td></tr>
<tr><td>FH2100230310</td><td colspan="2">检修乏燃料系统力矩限制器</td><td>9801-35300-PMP-091
9802-35300-PMP-091
乏燃料系统预防性维修大纲</td><td>3</td><td>3</td><td>2</td><td>初始培训</td></tr>
<tr><td>FH2100230410</td><td colspan="2">检修乏燃料系统通道球阀</td><td>9801-35300-PMP-091
9802-35300-PMP-091
乏燃料系统预防性维修大纲</td><td>4</td><td>4</td><td>1</td><td>即时培训</td></tr>
</table>

续表

岗位名称	换料机械检修	任务领域名称	乏燃料系统	任务领域编号		002	
任务编号	任务描述		程序来源	难度(D)	重要性(I)	频率(F)	培训种类
FH2100230510	检修乏燃料系统汽缸		9801-35300-PMP-091 9802-35300-PMP-091 乏燃料系统预防性维修大纲	3	3	1	即时培训
FH2100230610	检修乏燃料系统燃料抓取工具		9801-35300-PMP-091 9802-35300-PMP-091 乏燃料系统预防性维修大纲	3	3	2	初始培训
……	……		……	……	……	……	……

附录四　关于SAT岗位任务清单的相关说明

关于SAT岗位任务分析清单的相关说明

“岗位名称”:填写相应的岗位名称。

“岗位序号”:针对每个岗位给予一个编号。编号原则可以参考以下例子:

运行:OP01-OP99

维修:MT01-MT99

核安全:NS01-NS99

…………

“任务领域编号”:每一个岗位一般对应5～12个任务领域,从001开始编写。

“任务编号”:每一个任务领域内,从001开始编号,前面加上“岗位编号”和“任务领域编号”,后面加上任务的类型(10＝正常/标准运行工况,30＝异常/非标准运行工况,40＝应急/异常事件,50＝管理,60＝执行),如OP01-001-301-10(OP01为岗位编号,001是任务领域编号,301为任务编号,10表示正常/标准运行工况)。

“任务描述”:描述具体的任务。

“程序来源”:填写程序名称和编号。

“困难、重要性和频率”:根据第一章:培训分析中表3和表4进行填写。

“培训种类”:根据DIF的数据,填写相应的培训方式,包括:无需培训、培训、再培训、即时培训四种。强调说明:在确定培训种类前,再次对照任务判断这种培训种类是否合适。

附录五　某电厂任务培训矩阵(TTM)模板

某电厂任务-培训矩阵(TTM)

岗位名称：______________　　岗位编号：______________

所在处室/科室：______________

版次：______________

编制：			日期：	
	姓名			
	职务			
校对：			日期：	
	姓名			
	职务			
审核：			日期：	
	姓名			
	职务			
批准：			日期：	
	姓名			
	职务			

<table>
<tr><td>岗位名称</td><td>换料现场操作员</td><td>任务领域名称</td><td colspan="2">乏燃料操作</td><td>任务领域编号</td><td colspan="3">003</td></tr>
<tr><td>任务编号</td><td colspan="2">任务描述</td><td>参考文件</td><td>JRTR编号</td><td>课程名称</td><td>课程计划编号</td><td>培训方式</td><td>再培训频率(月)</td></tr>
<tr><td>FH0200330110</td><td colspan="2">卸出乏燃料至托盘</td><td>98-35300-OM-001　乏燃料传输</td><td rowspan="7"></td><td rowspan="7">乏燃料操作</td><td rowspan="7"></td><td rowspan="7">岗位</td><td rowspan="7">N/A</td></tr>
<tr><td>FH0200330210</td><td colspan="2">准备和生成乏燃料装载记录</td><td>98-90001-STI-FM05　核燃料的储存、转移和操作</td></tr>
<tr><td>FH0200330310</td><td colspan="2">转运乏燃料托盘至储存池</td><td rowspan="3">98-35300-OM-001　乏燃料传输</td></tr>
<tr><td>FH0200330410</td><td colspan="2">吊装乏燃料托盘至伺服位置</td></tr>
<tr><td>FH0200330510</td><td colspan="2">吊装乏燃料托盘(7个)至支撑架</td></tr>
<tr><td>FH0200330610</td><td colspan="2">从1号仓库领取乏燃料托盘至S-124</td><td>经验反馈</td></tr>
<tr><td>FH0200330910</td><td colspan="2">拾取和存放FARE工具</td><td>98-35200-OM-001-04　正常运行工况</td></tr>
</table>

续表

岗位名称	换料现场操作员	任务领域名称	乏燃料操作		任务领域编号	003		
任务编号	任务描述		参考文件	JRTR编号	课程名称	课程计划编号	培训方式	再培训频率（月）
FH0200330720	转运破损燃料至八角罐		98-35300-OM-001　乏燃料传输		破损燃料操作		岗位	N/A
FH0200330820	执行破损燃料装罐							
FH0200331020	清洁乏燃料池底异物		98-34410-OM-001　乏燃料池冷却和净化系统		乏燃料池底操作		岗位	N/A

附录六　某电厂任务分析数据收集表模板

任务分析数据收集表

任务号:FH2100530710	难度:3	重要程度:3.5	频率:2

任务描述

检修屏蔽门力矩限制器

条件:

每一年半进行力矩校验,检查摩擦片磨损情况(磨损超过1/3)或每四年半更换屏蔽门力矩限制器(预防性维修)

当屏蔽门在运行过程中力矩限制器出现打滑时,必须停堆,进行检修(纠正性维修)

绩效标准:

在3个工作日内,完成屏蔽门力矩限制器的检修;力矩设定值在15～17 N·m之间;检查摩擦片磨损情况(磨损不应超过1/3);单电机做屏蔽门全开全关试验,检查单个摩擦片的打滑不超过1圈;双电机做屏蔽门全开全关实验,检查单个摩擦片的打滑不超过1/4圈

特殊工具/设备:

力矩测量摇把

参考:98-21652-9045-1-MM-A;98-21652-MP-0146A

安全相关:　☒ 放射性的　☐ 常规的　☐ 环境的

不当操作的后果:

1. 力矩限制器的清洁不当,导致屏蔽门的运动失效
2. 力矩限制器的设定不当,导致屏蔽门的运动失效
3. 力矩限制器的安装不当,导致设备的损坏

任务单元(知识和技能):

1. 屏蔽门力矩限制器工作原理
2. 屏蔽门力矩限制器机械结构
3. 检修屏蔽门力矩限制器条件和过程
4. 辐射防护用品的使用
5. 工器具、材料的准备
6. 测量屏蔽门的力矩限制器的初始力矩值
7. 拆开力矩限制器,解体检查、清洁屏蔽门力矩限制器,决定是否更换摩擦片
8. 如果更换摩擦片,在减速器上方搭建脚手架
9. 打开电机与减速器间的保护罩
10. 脱开联轴节
11. 移动减速器使力矩限制器脱开
12. 拆除力矩限制器的摩擦片
13. 安装新的摩擦片
14. 复位减速器,调节电机与减速器之间的间隙在2.46～2.48 in(62.5～63.0 mm),角偏差0.009 in(0.23 mm),平行度0.005 in(0.13 mm)

续表

15. 安装联轴节,回装力矩限制器。(链轮间隙 5/8 in,15.875 mm,轴平行度 0.020 in,0.50 mm,角偏转 0.5°) 16. 设定屏蔽门打滑力矩值设定值为 15～17 N·m 17. 完成乏燃料系统力矩限制器的运行试验			
时间紧急 □　　　　实施任务的时间:3 天			
开始标志:测量屏蔽门的力矩限制器的初始力矩值			
结束标志:完成屏蔽门力矩限制器的运行试验			
技术专家		日期	
科长审定		日期	
责任处室负责人批准		日期	

附录七　某电厂培训需求分析报告模板

培训需求分析报告

部分 A：(由培训部门培训工程师完成)

申请者：		跟踪编码：	
分析者姓名：		日期：	

部分 B：(由相应技术专家在工作人员的协助下完成)

1. 说明为什么要进行需求分析(检查所有的表格，然后到问题 2)

□ 电厂变更

□ 程序变更、发布了新的程序或程序被取消(附上附件)

□ 系统设备硬件变更(描述)

□ 系统设备运行特征改变(流程图、温度、设定值，等)(描述)

□ 评价反馈(学员、教员、管理层、审计或评估结果)(描述)

□ 表现缺陷(在可行的情况下，描述并附事件报告)

□ 运行经验反馈(OPEX)(用名称或数字描述，并在可行的情况下附复印件)

□ 法规变更(描述)

□ 新的岗位或岗位规范改变(描述)

□ 管理要求(描述)

□ 其他(描述)

2. 如果一个需求分析和某个电厂变更有关，该变更会影响到员工的工作方法吗？

□ 是(核对下列项目，然后到问题 3)

□ 增加了新的任务

□ 以前的任务被改变，任务号：

□ 以前的任务被取消，任务号：

□ 否(到问题 4)

3. 什么人在多大程度上受到这个变更的影响？(核对下列条款，然后到问题 4)

岗位	员工人数量
□ 值长	________
□ (CRO)主控室操纵员	________
□ (CRA)主控室副操纵员	________
□ 其他人员	________

4. 如果这个需求分析和某个表现缺陷有关，简单描述什么人应该做但现在没有能力做。(描述，然后到问题 5)

续表

5. 这个表现缺陷的后果严重吗？

□ 是(检查下列条款并解释原因，接着到问题 6)

□ 低(影响成本、进度、生产或质量)

□ 中等(破坏设备，或影响电厂运行，或可能导致电厂停堆、生产能力下降)

□ 高(影响人员安全)

□ 极高(影响反应堆或公众安全)

□ 其他

解释：

□ 否(工作表现不影响电厂、工作人员或公众)(解释原因，然后到问题 10)

解释：

6. 是什么阻碍工作人员有效进行该项活动？(检查下列条款，然后到问题 7)

□ 知识不足(描述)

□ 技能不足(描述)

□ 表现标准不正确(描述)

□ 其他(工作环境、程序、工作流程、监督或管理)(描述)

7. 将进行的培训

a) 帮助把现有的人员表现水平提高到期望的水准

b) 加强电厂运行的安全和可靠程度

c) 防止从运行经验中学到的教训再次发生

□ 是(解释，然后到问题 8)

□ 否(解释，然后到问题 8)

□ 其他(解释，然后到问题 8)

8. 我建议采取以下培训行动：(阅读下列条款，然后到问题 9)

□ 为受影响的人员开发补救性的培训

□ 进行工作和/或任务分析，以确定补充培训要求或变化

9. 如果建议进行培训，什么时间执行？(阅读下列条款，接着到问题 10)

□ 马上。如果选择这个条款，马上把培训需求分析报告交给培训部门

□ 尽量快

□ 在下一个再培训课程中进行(针对倒班人员)

□ 在将来的再培训课程中进行(针对倒班人员)

□ 落实下一个初始培训课程中

10. 我建议：(阅读以下条款，进行选择并申请批准)

□ 除了培训以外，还需要做：

□ 变更程序

□ 提供工作辅助设施

续表

☐ 变更设备
☐ 提高指导、反馈或监督
☐ 改善工具
☐ 改善动机和结果
☐ 改变工作设计或条件
☐ 进行员工通报
☐ 其他
原因：

☐ 使用以下内容代替培训
原因：

☐ 当前不采取其他行动
原因：

需求分析：
专家(签名)________________　日期：________________

部分 C：(由责任处室负责人完成)

☐ 如果需要培训，则纠正性行动计划已经开发完成
需求分析批准人：________________　日期：________________
责任处室负责人(签名)

部分 D：(由培训部门处长完成)

需求分析验证人：________________　日期：________________
培训部门处长(打印姓名、签名)

附录八　某电厂岗位培训评价表模板

岗位培训评价表

编号：98-98550-JPM-GG576

所在单位/处室：维修处 学员姓名：	培训地点：模拟体厂房 培训日期：
培训项目名称	平均执行时间
主蒸汽安全阀模拟体检修	8小时

(1) 绩效评价

P&S	*	行动步骤	标　　准	合格	不合格
P	C	A1. 安全阀本体的拆卸	安全平稳的将安全阀的上半部分卸下		
P	C	A2. 阀体腔部件的测量与拆卸	能正确测量从阀座密封面到中法兰上端面之间的距离，从活塞导向套下端面到中法兰上端面之间的距离		
P	C	A3. 阀芯组件的拆卸与测量	对每个活塞环的位置做好标记，能正确测量阀瓣密封面到热动力盘下部边沿的垂直距离		
P	C	A4. 密封面的研磨修复	目测密封面干净，平整，光亮		
P	C	A5. 阀体腔部件的回装与测量	正确测量研磨后的阀座到中法兰上端面之间距离，活塞导向套下端到中法兰之间距离		
P	C	A7. 安全阀密封面接触试验	能正确利用生料带和铜棒对密封面进行接触试验		
P	C	A8. 阀芯组件的回装与测量	能安全平稳的进行阀瓣的回装和热动力盘的回装		
P	C	A9. 安全阀本体的回装	能安全平稳的进行安全阀本体的回装		

代码：(S) 次序非常重要。这一步必须在上一步之后执行。

(C) 关键步骤。没有满足该项标准就没有通过评估。

P&S：执行或模拟，参考岗位培训绩效测评水平中的执行和模拟。

(2) 知识技能

每个绩效测评，评估者都会从以下题目中随机选择至少6个问题。

口头提问	可接受答案的关键内容	合格	不合格
K1：主蒸汽安全阀拆卸需要几吨重的手动葫芦？	1.5吨重的手动葫芦		
K2：执行该项工作前系统应满足哪些条件？	机组已处于冷停堆状态，建立无蒸汽安全措施，主蒸汽安全阀温度低于50 ℃		

续表

口头提问	可接受答案的关键内容	合格	不合格
K3:执行阀体腔部件的拆卸时应测量哪些尺寸?	阀座密封面和活塞导向套下端面之间的距离,拆除活塞导向套后,用游标卡尺测量活塞导向套上端面到与阀体接触的台阶面之间的距离		
K4:对阀芯组件拆卸时要注意哪些事项?	先将热动力盘上的螺纹销旋出,再将螺母旋下,接着将C型金属活塞环和活塞环导向圈依次卸下来;用深度游标卡尺测量阀瓣密封面到热动力盘下部边沿的垂直距离		
K5:在对密封面进行研磨时要注意哪些事项?	应根据密封面的损伤情况,选择不同的3M砂纸,研磨过程中,适时更换不同类型的砂纸以及对密封面进行清理		
K6:对密封面进行接触试验时,用的是红丹粉还是生料带?	生料带 红丹粉 压痕检查		
K7:如果密封面接触完好,生料带的压痕应该是什么样子?	压痕透明、均匀,且构成完整的圆周 密封面着色均匀,线条完整		
K8:安全阀本体回装前对密封面有何处理要求?	用擦拭布蘸丙酮将上下密封面擦拭一遍,确认密封面上没有异物,确认密封面接触试验用的材料都已完整取出		
K9:将整个阀门旋转与正确安装位置成多少度角,才能继续缓缓下落?	45°		
K10:阀门本体连接螺栓力矩值多大?分几次上紧?	100 N·m,分两次上紧		

(3) 评价单

总评:优秀　　　　合格　　　　不合格

考生是否需要补考(如果有充分的补考措施):

评估者签字:　　　　　　　　　　日期:

评价(针对合格者)和意见(意见针对不合格者):

学员签字:　　　　　　　　　　日期:

附录九　岗位培训课程计划的模板

编号:98-98550-LP-GF305

版次:0

检修悬链驱动力矩限制器课程计划

<table>
<tr><td rowspan="2">种类:</td><td colspan="2">☒ 课堂培训课程计划</td><td>☒ 岗位培训课程计划</td></tr>
<tr><td colspan="2">☐ 模拟机培训课程计划</td><td>☐ 实验室培训课程计划</td></tr>
<tr><td>编制:</td><td></td><td>日期:</td><td></td></tr>
<tr><td></td><td>姓名
所在处室　　　　职务</td><td></td><td></td></tr>
<tr><td>校对:</td><td></td><td>日期:</td><td></td></tr>
<tr><td></td><td>姓名
所在处室　　　　职务</td><td></td><td></td></tr>
<tr><td>审核:</td><td></td><td>日期:</td><td></td></tr>
<tr><td></td><td>姓名(建议由培训部门审核)
所在处室　　　　职务</td><td></td><td></td></tr>
<tr><td>批准:</td><td></td><td>日期:</td><td></td></tr>
<tr><td></td><td>姓名(责任处室批准)
所在处室　　　　职务</td><td></td><td></td></tr>
</table>

版本说明

<table>
<tr><td colspan="4">课程计划编制处室:燃料操作处</td></tr>
<tr><td colspan="3">文件类型:课程计划</td><td>文件编号:98-98550-LP-GF305</td></tr>
<tr><td colspan="3">标题:检修悬链驱动力矩限制器</td><td>颁布日期:2008/7/12</td></tr>
<tr><td>版次</td><td>颁布时间</td><td>版本/修订描述</td><td>编制人/修订人</td></tr>
<tr><td>0</td><td>2008/7/22</td><td>初次发布,检修悬链驱动力矩限制器</td><td>* * *</td></tr>
<tr><td></td><td></td><td></td><td></td></tr>
<tr><td></td><td></td><td></td><td></td></tr>
<tr><td></td><td></td><td></td><td></td></tr>
<tr><td></td><td></td><td></td><td></td></tr>
<tr><td></td><td></td><td></td><td></td></tr>
<tr><td></td><td></td><td></td><td></td></tr>
<tr><td></td><td></td><td></td><td></td></tr>
<tr><td></td><td></td><td></td><td></td></tr>
<tr><td></td><td></td><td></td><td></td></tr>
</table>

课程计划概要

课程时间：8学时(含休息时间)

培训方式：☒ 课堂　☒ 岗位培训　☐ 模拟机　☐ 其他

授课资料：悬链驱动力矩限制器专用工具及图纸

参考程序及相关材料：
悬链驱动力矩限制器专用工具及图纸

培训工具和材料清单：
工具：悬链驱动力矩限制器专用工具，英制呆扳手(组套)，一字改锥，十字改锥，英制内六角(组套)，铜棒，手锤，游标卡尺，力矩扳手
材料：棉白布、砂纸、酒精，记号笔

课程介绍部分
☒ 教员介绍　☐ 学员介绍　☒ 课程目的介绍　☐ 其他

课程简介部分
任务的最终目标；
任务的分解目标；
任务的总体概念；
任务与学员工作的联系；
强调安全

课程部分
见后

学员入学水平要求：
辅助检修工、检修工

限制条件(程序限制、安全预警、电厂条件)：
1. 程序限制：N/A
2. 安全预警：遵守一般辐射防护规定和工业安全守则
3. 电厂条件：N/A

对教员的指导/建议：
1. 确保学员知道必备材料、理解专业术语、了解每种工具的应用以及只用高质量工具的原因
2. 提醒学员遵守安全规定
3. 在组装和拆解过程中，避免给学员过多的压力，防止工具、材料损害或个人伤害
4. 对于任何关键点和临界点保持警觉

培训课程目标

培 训 目 标		对应岗位	
最终目标：		机械检修工	机械辅助检修工
完成本课程的培训后，学员应达到以下水平： 经过课堂培训后，学员能在以后的检修中按照要求的时间完成燃料操作重水系统 3523-P3 检修工作		×	×
分解目标：			
目标 01	陈述悬链驱动力矩限制器工作原理。解释悬链驱动力矩限制器机械结构	×	×
目标 02	陈述检修悬链驱动力矩限制器安全注意事项，准备工器具和材料	×	×
目标 03	实施悬链的力矩限制器的初始力矩值	×	×
目标 04	解体力矩限制器，检查、清洁悬链驱动力矩限制器，决定是否更换摩擦片	×	×
目标 05	实施拆除两个枕式轴承并拆除齿轮箱输出延伸轴	×	×
目标 06	实施拆除力矩限制器上的连接链条，检查和更换摩擦片	×	×
目标 07	实施安装齿轮箱输出延伸轴并安装两个枕式轴承，连接力矩限制器上的链条	×	×
目标 08	实施设定力矩限制器的打滑力矩为(电机轴输入力矩)11～12 N·m	×	×
目标 09	实施设定轴编码器，执行悬链驱动力矩限制器的运行试验，分析试验结果	×	×

时间	培训目标/技术参考资料/特殊符号	内容/关键点/教员活动/教学方法（讲解、讨论、演示等）	工具、设备	学员活动
5 分钟		开场白(自我介绍)		
		教员的姓名、性格、爱好等	白板/水性笔	听讲
		1.0 培训内容		
		1.1 介绍		
30 分钟		1) 任务的最终目标； 2) 任务的分解目标； 3) 任务的总体概念； 4) 任务与学员工作的联系； 5) 强调安全	白板/水性笔	听讲
		2.0 讲解		
		2.1 概述		
25 分钟		1) 讲解任务，解释专业术语； 2) 使用的程序，并强调任务的关键点和关键步骤； 3) 强调任务执行的顺序，并解释原因； 4) 强调安全	白板/水性笔	听讲 回答问题

续表

时间	培训目标/技术参考资料/特殊符号	内容/关键点/教员活动/教学方法（讲解、讨论、演示等）	工具、设备	学员活动
		2.2　内容		
45 分钟	目标 01	悬链驱动力矩限制器工作原理和机械结构 • 关键点：力矩限制器是依靠链轮与摩擦片的相互磨檫来达到正常的力矩传递，当力矩超值时，力矩限制器打滑释放以防止设备过载。力矩限制器 • 强调部分：力矩限制器力矩设定值应与设备承载力相关 • 教学方式：讲解 • 反馈学员掌握情况：提问	白板/水性笔	听讲 提出或 回答问题
40 分钟	目标 02	检修悬链驱动力矩限制器安全注意事项、工器具和材料准备 • 关键点：力矩限制器的检修工作应考虑整个系统的运行状况，应有充足的检修时间，工作时考虑周边的工作环境，工器具、备品备件都应备齐 • 强调部分：专用工具工作前一定要落实 • 教学方式：讲解 • 反馈学员掌握情况：提问	白板/水性笔	听讲 提出或 回答问题
20 分钟	目标 03	悬链的力矩限制器的初始力矩值 • 关键点：利用专用工具检查力矩限制器的初始力矩值 • 强调部分：通过检查力矩限制器的初始力矩值，可以评估力矩限制器过去的工作状况及力矩限制器的磨损情况 • 注意事项：力矩限制器的测量工作应多次并在两个方向都进行测量，以确保测量数据可靠 • 教学方式：讲解 • 反馈学员掌握情况：提问	白板/水性笔	听讲 提出或 回答问题
10 分钟		课间休息		
		3.0　示范		
30 分钟	目标 04	解体力矩限制器，检查、清洁悬链驱动力矩限制器，决定是否更换摩擦片 • 关键点：先目视检查力矩限制器外观是否有缺陷，然后拆除力矩限制器背冒，打开力矩限制器，检查力矩限制器各零部件是否正常，清洁各零部件再进行进一步检查，如摩擦片磨损严重应进行更换 • 强调部分：摩擦片是易损件，应对其磨损度，清洁度及表面光滑度进行检查 • 注意事项：工作过程中应注意力矩限制器旁边的相关设备，特别是轴编码器 • 教学方式：演示 • 反馈学员掌握情况：提问	气焊，新燃料机专用工具，英制呆扳手（组套），棘轮扳手，套筒头，一字改锥，十字改锥，英制内六角（组套），平头冲（组套），铜棒，手锤，吊带，手拉葫芦	听讲 提出或 回答问题

续表

时间	培训目标/技术参考资料/特殊符号	内容/关键点/教员活动/教学方法（讲解、讨论、演示等）	工具、设备	学员活动
30 分钟	目标 05	拆除两个枕式轴承并拆除齿轮箱输出延伸轴 • 关键点：拆除力矩限制器链条，拆除主轴驱动链条，拆除两个枕式轴承，将力矩限制器从枕式轴承端部上拿下 • 强调部分：拆卸前应对各部件的尺寸和位置进行相应记录 • 注意事项：拆除的轴编码器应保护好 • 教学方式：讲解 • 反馈学员掌握情况：提问	白板/水性笔	听讲 提出或 回答问题
40 分钟	目标 06	拆除力矩限制器上的连接链条，检查和更换摩擦片 • 关键点：对摩擦片应进行初步检查后在进行清洁，清洁后进一步仔细检查，应对摩擦片磨损度、清洁度及表面光滑度进行检查 • 强调部分：摩擦片表面应光滑无油脂 • 注意事项：N/A • 教学方式：演示 • 反馈学员掌握情况：提问	棉白布、砂纸、酒精，什锦锉，油石，润滑油（少许）	听讲 提出或 回答问题
40 分钟	目标 07	安装齿轮箱输出延伸轴并安装两个枕式轴承，连接力矩限制器上的链条 • 关键点：回装力矩限制器至枕式轴承上，将枕式轴承安装刀基座上，回装驱动链条 • 注意事项：回装时注意原始记号和尺寸 • 教学方式：演示 • 反馈学员掌握情况：提问	新燃料机专用工具，英制呆扳手（组套），棘轮扳手，套筒头，一字改锥，十字改锥，英制内六角（组套），平头冲（组套），铜棒，手锤，吊带，拉马	听讲 提出或 回答问题
40 分钟	目标 08	设定力矩限制器的打滑力矩为（电机轴输入力矩）11～12 N・m • 关键点：通过旋紧力矩限制器预紧背冒上的三个螺栓将力矩限制器力矩值设定在 11～12 N・m • 强调部分：力矩限制器三个预紧螺栓应均匀的调节 • 注意事项：应多次实施力矩值的检测，避免力矩值出现失真 • 教学方式：演示 • 反馈学员掌握情况：提问		听讲 提出或 回答问题

续表

时间	培训目标/技术参考资料/特殊符号	内容/关键点/教员活动/教学方法（讲解、讨论、演示等）	工具、设备	学员活动
60 分钟	目标 09	设定轴编码器，执行悬链驱动力矩限制器的运行试验，分析试验结果 • 关键点：安装轴编码器并设定要求值，通过悬链小车运行检测力矩限制器的稳定性 • 强调部分：应将悬链小车开至最远端进行试验 • 注意事项：试验过程中应注意人员及设备安全 • 教学方式：演示 • 反馈学员掌握情况：提问		听讲 提出或 回答问题
10 分钟		课间休息		
		4.0　监督下实践		
100 分钟		• 实践内容：学员根据现场条件简单演示悬链力矩限制器的检修工作 • 实践方式：学员到现场，针对设备进行口述 • 注意事项：检修过程中，为辅配合的人员不得对正在检修的人员在操作上进行任何提示		实践
10 分钟		课间休息		
		5.0　总结		
20 分钟		1）回顾培训目标 2）回顾任务步骤 3）对学员的操作进行总结，给出意见和建议 4）强调培训能提高工作效率		回答提问
10 分钟		课间休息		
		6.0　绩效测评		
40 分钟	岗位培训评价表	根据《岗位培训评价表》进行绩效测评，并保存记录并归档		参加测评

附录十　自我评价表

培训名称		培训计划编号	
培训时间		培训地点	
培训教材		授课教员	
学员姓名		所在处室/科室	
所在岗位		职 工 号	

培训自我评价

序号	培训目标	掌握情况
1		□ 掌握　□ 基本掌握　□ 不了解
2		□ 了解　□ 基本了解　□ 不了解
3		□ 掌握　□ 基本掌握　□ 不掌握
4		□ 了解　□ 基本了解　□ 不了解
5		□ 掌握　□ 基本掌握　□ 不了解
6		□ 了解　□ 基本了解　□ 不了解
7		□ 掌握　□ 基本掌握　□ 不掌握
8		□ 了解　□ 基本了解　□ 不了解
9		□ 了解　□ 基本了解　□ 不了解
10		□ 了解　□ 基本了解　□ 不了解

建议和意见：

附录十一　岗位培训综合评价表

编号：

学员姓名：	培训计划项目号：
职工编号：	所在处室：
学员岗位：	岗位编号：
培训地点：	培训时间：

以上部分由学员填写

综合评价

项目	优	良	中	差	备注
知识	□	□	□	□	
工作熟练程度	□	□	□	□	
主动性	□	□	□	□	
创造性	□	□	□	□	
判断能力	□	□	□	□	
交流技能	□	□	□	□	
安全意识	□	□	□	□	
工作兴趣	□	□	□	□	
团队精神	□	□	□	□	
领导能力	□	□	□	□	
综合评价	□ 优　□ 良　□ 及格　□ 不及格				

评语：

教员签名：

日　　期：

以上部分由项目负责人填写

各科目培训成绩

培训岗位	培训内容	JRTR 编码	考核方式	成绩	教员签名

以上部分由教员填写

附录十二　行为评价例表

问卷说明：以下问卷内容是为了帮助我们更好地了解沟通技能培训的效果。请您根据真实情况作答，您的回答对我们改进培训会很有帮助。谢谢配合。

分值说明：5＝比过去多很多；4＝比过去多一些；3＝与过去一样多；2＝比过去少一些；1＝比过去少很多。

项　目	和过去比较在这方面所花时间和精力的大小				
接触和了解员工	5	4	3	2	1
倾听下属	5	4	3	2	1
对下属的良好行为给予表扬	5	4	3	2	1
与员工聊一些有关生活和家庭的话题	5	4	3	2	1
征询下属的意见	5	4	3	2	1
当下属工作中有失误时，能够指出并帮助其改正	5	4	3	2	1
……	5	4	3	2	1

附录十三　学员考核成绩分析表

计划名称		计划编号	
课程名称		教员	

学员考核成绩分布图：

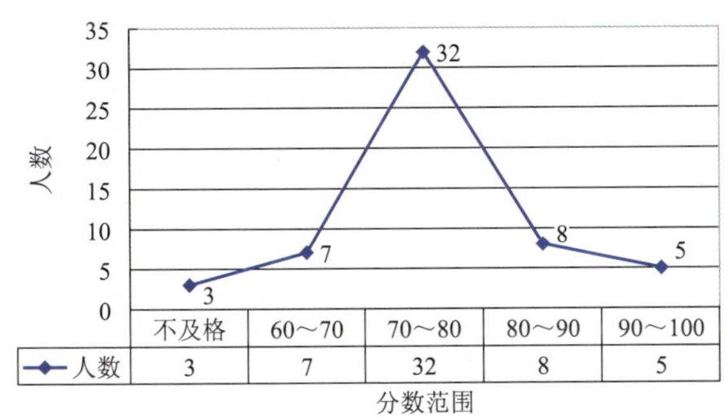

结论：是否属于正常范围 □ 是　　□ 否（如选择"否"，需要进行原因分析）

原因分析：

教员签名：	培训项目负责人签名：

附录十四　学员培训后反馈调查表

请告诉我们您对本次培训的看法。您的评价将帮助我们改进培训。本调查问卷为无记名，恳请真实、客观地发表意见。

感谢您的配合。

培训课程：　　　　　　　　　　　　　　　　教员姓名：

1. 总体评价(目的、内容、资料、接受程度、讲师、板书或投影、讨论、环境、服务、收获等)

很差	较差	一般	较好	很好
1	2	3	4	5

请简单说明您这样认为的理由：

2. 总体上，您认为这次培训是否达到了您的预期目的

一点也没有	较差	一般	较好	很好地达到了
1	2	3	4	5

请简单说明您这样认为的理由：

3. 总体上，您对培训教员的评价

很差	较差	一般	较好	很好
1	2	3	4	5

请根据下列项目对教员进行评价

	非常差	较差	一般	较好	非常好
个人形象					
陈述培训目标					
调动课堂气氛，保持学员学习兴趣					
对所授课程的知识和技能掌握					
使用辅助设备(投影仪、板书等)					

续表

	非常差	较差	一般	较好	非常好
板书效果					
投影效果					
工作态度(友好,愿意帮助学员)					
课程时间安排					
身体语言、手势、表情、声调					
课程组织					
授课方式(易于接受)					
授课手段(提问,引导)					
课前准备					
沟通					
以身作则					

4. 总体上,您认为本次培训的设备

很差	较差	一般	较好	很好
1	2	3	4	5

请简单说明您这样认为的理由：

5. 总体上,您认为本次培训的时间安排

很差	较差	一般	较好	很好
1	2	3	4	5

请简单说明您这样认为的理由：

6. 总体上,您认为本次培训的内容

很差	较差	一般	较好	很好
1	2	3	4	5

	不同意	勉强同意	基本同意	比较同意	绝对同意
培训中涉及的内容与我的工作有关					
培训教材的编排让人有兴趣阅读					
培训讲义对我有帮助					
培训教材印刷清晰					

7. 您觉得与上次培训相比，本次培训是否有改进

没有改进	略有改进	一般	较有改进	进步明显
1	2	3	4	5

您觉得哪些方面应该有所改进？请简单说明理由：

最后，欢迎您提出其他方面的建议和意见：

再次感谢您的配合。

附录十五　培训项目评价表

培训项目名称：　　　　　　　　　　　　　　　　实施的日期：

评估员：　　　　　　　　　　　　　　　　　　　日期：

在逐步完成项目评估程序的时候，评估员将要求以各种方式反映评估过程的每一点。客观的东西与主观的资料都要被收集起来。评估员应该认识到由于项目的改变，有些步骤也许不可再用了。这些应该要被注明。检查培训材料并与教员、学员和学员主管沟通后，回答下列问题：

开发阶段：

(1) 这个项目的书面工作分析存在吗？举例。

(2) 培训人员和技术人员是否参与认定培训需求和开发培训项目？描述这个过程。

(3) 当在开发这个项目时，有否考虑学员的初始技能和知识水平？讨论一下这个问题。

(4) 这个项目是否已经与现行的设备程序、其他的技术和专业文献做了比较？这些文献是决定用于开发培训材料的培训内容和设备细节信息的。

(5) 推荐的教学方法或活动(工作的分析、实施目标的结束、目标的可行性、实际经验、测验的指导等)是怎样开展的？

岗位培训：

(1) 岗位培训(OJT)用的是否是组织好的材料和现行的材料去开展的？包括事例。

(2) 培训材料怎样与设备的更新与程序的变化保持一致？举例说明。

(3) OJT是否由指定人员按照项目实施的标准与方法去实施的？他们是怎样实施的？

(4) 为学员的岗位培训提供了哪些材料？举例说明。

(5) 在对学员进行评价之前，是否提供给足够的时间去学习课程？

(6) 在岗位培训过程中，有什么教学辅助设施可供学员使用？

(7) 是否为实施评估建立了标准？举例说明。

(8) 这些标准是否反映了真实工作实施的标准？举例说明。

模拟机培训：

(1) 模拟机的硬件是否模仿了主控室里模拟机的硬件？

(2) 模拟机的响应是否模仿了主控室里的响应？

(3) 模拟机的控制程序是否有效？

(4) 合适的程序、资料等是否可用且保持是新近的？

(5) 模拟培训材料是否提供了正常状态、异常状态以及紧急状态下的练习？

(6) 培训材料是否与经验反馈有效地结合起来？

(7) 正常的运行值是否一起参加模拟培训？

(8) 管理方面有没有对模拟培训进行日常的观察和评估？

(9) 是否有效地开展了培训后的评价？

(10) 来自学员与管理层的反馈意见是否用来整改培训或者用于改善培训的质量？

(11) 培训实施的评论是否有效地用于提升培训项目？

(12) 练习和特定的场景是否有效地支持已确定的学习目标？

(13) 培训指导的内容是否支持相关的教室教学？

(14) 模拟的指导，包括练习与特定场景是否是基于牢固的运行原理之上的？

(15) 学习目标的细则是否与电厂里的培训要求一致？

其他评价：

附录十六　对工作人员的培训调研及评价

(1) 您的工作或职务是什么？

(2) 您认为您所接受的培训课程是按照逻辑顺序进行的吗？前一课是否给后一课足够的准备？

(3) 为了从事当前工作，您接受过什么培训？该培训计划持续了多长时间？

(4) 您是否接受过由您所在部门组织的培训？如果有，该培训是否和培训部门组织的培训效果相当？

(5) 培训中是否包括实际操作学习的部分？如果有的话，在对该项操作进行测试前，您是否有足够的时间练习？

(6) 培训计划是否对考试有不适当的侧重？

(7) 您对在培训过程中使用的教学方法是否有不满意的地方？例如，是否在岗位上或车间里能够更好地学习的时候，安排在教室里学习？

(8) 在培训中学习到的东西在实际工作中是否得到应用？

(9) 您是否能够经常充分应用您的技术？

(10) 是否有这样的情况：您拥有关于某些工作或技术的“书面资格”，但您不确定自己是否具有从事这些工作的实际能力？在电厂中，您是否有时会被要求做一些自己不确定能否胜任的工作？

(11) 您是否接受复训？谁对您进行复训？

(12) 您是否向他人提供过有关该岗位的培训？如果有，您是否接受过关于如何进行这种培训的指导？

(13) 您是否接受过和您在电厂中所做的工作完全无关的培训？如果有，该不相关培训的内容是什么？

(14) 培训中使用的设备和您工作时使用的设备是否相同，或十分相似？

(15) 您是否接受了足够的、能让您顺利从事工作的足够的培训？如果没有，您认为还缺少了什么样的培训？

(16) 在培训中，您是否被教过经后来证明是错误的东西？

(17) 您是否感觉到电厂的某些工作实践没有您在培训中学到的方法有效？

(18) 在培训中，哪一部分对您的工作是最有帮助的？

(19) 您接受的培训的某些部分是不是从来没用过？这些没有用的东西是什么？

(20) 您印象最深刻的培训是哪一部分？

(21) 是否有一个正式的途径，使您能够在如何改进培训计划方面提出建议？您曾经用过吗？您认为您的评论和建议被认真地听取了吗？

(22) 对于如何优化培训项目，您有建议吗？培训部门是否已经知道您的这些建议？

(23) 您是否曾和学员联系人或其他培训部门的代表进行过关于培训项目的正式讨论？如果有，这种会见是否对您得到关于培训计划的意见有帮助？

(24) 您是否有其他评论？

附录十七　对主管的培训调研

(1) 培训是否对您下属的工作有很好的帮助?

(2) 是否有人向您咨询,目前的培训计划是否适当?您认为自己的评论和建议被认真地听取了吗?

(3) 您是否曾和学员联系人或其他培训部门的代表就培训进行过正式讨论?如果有,这种讨论是否对您得到关于培训项目的意见有帮助?

(4) 是否有正式的途径,能让您在如何提高培训项目方面提出自己的建议?该途径是否有效?您曾经用过吗?

(5) 在如何提高培训项目方面,您有什么建议吗?培训部门是否已经知道您的建议?

(6) 您是否有责任监督您的工作人员是否接受过充分的培训?

(7) 如果您的下属需要进一步的培训,他们是否能从培训管理部门那里得到所需要的培训?

(8) 您是否参与针对电厂的新设备或新程序的培训开发?

(9) 您为您的下属提供培训吗?

(10) 您是否可以轻松地查阅到下属的培训记录?

(11) 您所在科室的员工是否有特殊的培训需要?例如,他们是否从事其他极其特殊或危险的工作?

(12) 培训管理部门对培训需要是否做出响应?

(13) 在培训中是否会传授不正确的东西?

(14) 培训项目中是否忽略了您的下属需要知道的主题知识?

(15) 您认为您的工人接受了足够的复训了吗?

(16) 您是否能够让刚完成培训的人员在回到岗位工作后,及时练习他们的新技术?

(17) 近年来完成培训的新职工,素质是否有变化?

(18) 您接受过管理方面的培训吗?该培训是否充分?您是在需要的时候,才接受到该项培训的吗?

(19) 您是否有其他评论?

附录十八　学员主管对学员培训后的反馈

姓名：　　　　　　　　　　　　　　　　　　日期：

课程名称：

审核：　　　　　　　　　　　　　　　　　　日期：

培训后的评估是为得到保持和提高培训项目质量的信息而设计的。根据您对学员工作表现的评论，通过给每个功课表上的适当数字画圈对学员进行分评定级。

注意：这个等级是基于对学员被培训课程的工作表现进行评分。

等级说明

(1) 无法接受的学员表现：学员因缺乏知识或能力，不能完成任务。

(2) 较差的学员表现(部分胜任)：学员的知识或能力刚好勉强够格完成任务。

(3) 满足资格的学员表现(胜任)：学员具有足够的知识或能力完成任务。

(4) 非常胜任的学员表现：学员具备良好的知识和能力完成任务。

(5) 极胜任的学员表现：学员具备非常优秀的知识或能力完成任务。

举例：

对工具的去污处理。　　　　　　1　2　3　4　5

说明：主管对学员培训后的各项技能对应的工作情况进行评价，以反映学员培训后的工作技能的掌握程度。评价内容根据培训内容而定。

附录十九　学员培训后自我评估

姓名：　　　　　　　　　　　　日期：　　　　　　　　　　课题计划/课程名称：

审核：　　　　　　　　　　　　日期：

说明：培训后的评估是为得到保持和提高培训项目质量的信息而设计的。根据您目前对您的工作与您接受的培训之间关系的理解，通过对等级范围上的数字画圈来给下面实施的目标/任务定级。

1. 知识——培训提供的知识

N/A	1	2	3
没有运用到我的工作中	备件、工具、装置和简单的事实运用到工作中去	＃1 加上用来完成工作的程序	＃1 与＃2 加上与执行任务有关的运行原理

2. 表现——培训提供的履行职责的技能

N/A	1	2	3
没有运用到我的工作中	工作的简单部分	完成任务需要指导	独立完成任务

3. 工作相关的事情——与工作相关的培训目标

N/A	1	2	3	4	5
没有运用到我的工作中	只用了一点点	运用了某些	运用了大约一半	大部分	全部

4. 工作准备——培训课程为工作所作准备的水平

N/A	1	2	3	4	5
没有运用到我的工作中	为我的工作准备了一点点	为我的工作准备了一些	为我的工作准备了一半	为我的工作做了大部分准备	为我的工作做了全部的准备

参 考 文 献

[1] Analysis Phase of Systematic Approach to Training (SAT) for Nuclear Plant Personnel(IAEA-TECDOC-1170)

[2] Experience in the use of systematic approach to training (SAT) for nuclear power plant personnel(IAEA-TECDOC-1057)

[3] Nuclear power plant personnel training and its evaluation-A guidebook(TECHNICAL REPORTS SERIES No. 380)

[4] Table-top Job Analysis(DOE-HDBK-1076—94)

[5] Table-top training Program Design(DOE-HDBK-1086—95)

[6] Training Program Handbook:a Systematic Approach to Training(DOE-HDBK-1078—94)